中华人民共和国住房和城乡建设部

市政工程投资估算指标

第十册　垃圾处理工程

HGZ 47-110-2008

中 国 计 划 出 版 社

北　京

图书在版编目（CIP）数据

市政工程投资估算指标. 第10册，垃圾处理工程. HGZ 47-110-2008 / 住房和城乡建设部标准定额研究所编. —北京：中国计划出版社，2008.10
ISBN 978-7-80242-241-4

Ⅰ.市… Ⅱ.住… Ⅲ.①市政工程—工程造价—估算—中国②垃圾处理—工程造价—估算—中国 Ⅳ. TU723.3 X705

中国版本图书馆CIP数据核字（2008）第133077号

市政工程投资估算指标
第十册 垃圾处理工程
HGZ 47-110-2008
住房和城乡建设部标准定额研究所 主编
☆
中国计划出版社出版
（地址：北京市西城区木樨地北里甲11号国宏大厦C座4层）
（邮政编码：100038 电话：63906433 63906381）
新华书店北京发行所发行
三河富华印刷包装有限公司印刷

880×1230毫米 1/16 16.5印张 462千字
2008年10月第1版 2008年10月第1次印刷
印数1—6000册
☆
ISBN 978-7-80242-241-4
定价：38.00元

主编部门：中华人民共和国住房和城乡建设部

批准部门：中华人民共和国住房和城乡建设部

执行日期：2 0 0 8 年 1 0 月 1 日

住房和城乡建设部
关于印发《市政工程投资估算指标》
（第十册“垃圾处理工程”）的通知

建标函［2008］158号

为合理确定和控制市政工程投资，满足市政建设项目编制项目建议书和可行性研究报告投资估算的需要，我部制定了《市政工程投资估算指标》(《第十册　垃圾处理工程》)，编号为HGZ 47-110-2008，现印发给你们。自2008年10月1日起施行。

《市政工程投资估算指标》由我部标准定额研究所组织中国计划出版社出版发行。

请你们认真贯彻执行，并将工作中的问题和建议及时反馈我部。

中华人民共和国住房和城乡建设部

二〇〇八年六月三日

前　　言

根据建设部“关于印发《二〇〇三年工程项目建设标准、投资估算指标、建设项目评价方法与参数编制项目计划》的通知要求”，我部制定了《市政工程投资估算指标》（以下简称《指标》），并于2008年6月3日批准第十册（第一至第九册已于2007年6月、2007年10月批准）。《指标》的制定发布将对合理确定和控制市政工程投资，满足市政建设项目编制项目建议书和可行性研究报告投资估算的需要起到积极的作用。

本《指标》由住房和城乡建设部标准定额研究所负责管理和解释，请各单位在执行过程中，注意积累资料，认真总结经验，将有关意见及时反馈标准定额研究所。

本《指标》的主编单位、参编单位：

主编单位：住房和城乡建设部标准定额研究所

参编单位：北京市建设工程造价管理处

北京城建设计研究总院有限责任公司

天津市建设工程定额管理研究站

天津市市政工程经济技术定额研究站

上海市建设工程标准定额管理总站

上海市市政工程定额管理站

上海市政工程设计研究总院

上海市隧道工程轨道交通设计研究院

重庆市建设工程造价管理总站

河北省工程建设造价管理总站

辽宁省建设工程造价管理总站

安徽省建设工程造价管理总站

总　说　明

为了合理确定和控制市政工程投资，满足建设项目编制项目建议书和投资估算的需要，提高建设工程投资效果，制定《市政工程投资估算指标》（以下简称本指标）。

一、本指标依据建设部“关于印发《二〇〇三年工程项目建设标准、投资估算指标、建设项目评价方法与参数编制项目计划》的通知”下达的编制计划，以现行全国市政工程设计标准、质量验收规范和建设部、财政部“关于印发《建筑安装工程费用项目组成》的通知”（建标〔2003〕206 号）、《建设项目总投资及其他费用项目组成规定》（送审稿），以及预算定额、工期定额为依据，在《全国市政工程投资估算指标》（1996 年）的基础上，结合近年有代表性的已竣工典型工程项目的相关资料进行编制。

二、本指标适用于新建、改建、扩建的市政工程项目。

三、本指标是建设项目建议书、可行性研究报告阶段编制投资估算的依据；是多方案比选、优化设计、合理确定投资的基础；是开展项目评价、控制初步设计概算、推行限额设计的参考。

四、本指标共十册。包括《第一册　道路工程》、《第二册　桥梁工程》、《第三册　给水工程》、《第四册　排水工程》、《第五册　防洪堤防工程》、《第六册　隧道工程》、《第七册　燃气工程》、《第八册　集中供热热力网工程》、《第九册　路灯工程》、《第十册　垃圾处理工程》。

五、本指标分综合指标和分项指标。综合指标包括建筑安装工程费、设备购置费、工程建设其他费用、基本预备费；分项指标包括建筑安装工程费、设备购置费。

（一）建筑安装工程费由直接费和综合费用组成。直接费由人工费、材料费、机械费组成。将《建筑安装工程费用项目组成》中的措施费（环境保护、文明施工、安全施工、临时设施、夜间施工的内容）按比例（见费率取定表）分别摊入人工费、材料费和机械费。二次搬运、大型机械设备进出场及安装拆除、混凝土和钢筋混凝土模板及支架、脚手架编入直接工程费。综合费用由间接费、利润和税金组成。

（二）设备购置费依据设计文件规定，其价格由设备原价+设备运杂费组成，设备运杂费指除设备原价之外的设备采购、运输、包装及仓库保管等方面支出费用的总和。

（三）工程建设其他费用包括：建设管理费、可行性研究费、研究试验费、勘察设计费、环境影响评价费、场地准备及临时设施费、工程保险费、联合试运转费、生产准备及开办费。按国家现行有关统一规定程序计算。

（四）预备费包括基本预备费和价差预备费。基本预备费系指在投资估算阶段不可预见的工程费用。

六、本指标的编制期价格、费率取定：

（一）价格取定。人工工资综合单价按北京地区 2004 年 31.03 元/工日；材料价格、机械台班单价按北京地区 2004 年价格。

（二）费率取定。

1. 将措施费分别摊入人工费、材料费和机械费。措施费费率见下表。

项目	道路	桥梁	给水	排水	防洪堤防	隧道		燃气	热力	路灯
						岩石	软土			
费率（%）	4.10	4.40	6.00	6.00	4.00	5.08	5.08	6.00	4.00	4.00

计费基数：人工费+材料费+机械费。

分摊比例：其中人工费 8% ，材料费 87%，机械费 5%，分别按比例计算。

2. 综合费用费率见下表。

项目	道路	桥梁	给水	排水	防洪堤防	隧道		燃气	热力	路灯
						岩石	软土			
费率（%）	22.78	22.90	21.30	21.30	21.00	27.68	27.68	21.30	21.30	21.00

计费基数：估算指标直接费。

3. 工程建设其他费用费率。工程建设其他费用费率按 10%～15%确定。具体数值由各册根据专业以及国家规定的收费标准测算确定，并在册说明中说明。

计费基数：建筑安装工程费+设备购置费。

4. 基本预备费费率按 8%确定。

计费基数：建筑安装工程费+设备购置费+工程建设其他费用。

5.《第十册　垃圾处理工程》的费率见分册说明。

七、本指标计算程序见下表。

综合指标计算程序

序号	项　目	取费基数及计算式
	指标基价	一+二+三+四
一	建筑安装工程费	4+5
1	人工费小计	—
2	材料费小计	—
3	机械费小计	—
4	直接费小计	1+2+3
5	综合费用	4×综合费用费率
二	设备购置费	原价+设备运杂费
三	工程建设其他费用	（一+二）×工程建设其他费用费率
四	基本预备费	（一+二+三）×8%

分项指标计算程序

序号	项　目	取费基数及计算式
	指标基价	一+二
一	建筑安装工程费	（四）+（五）
1	人工费	—
2	措施费分摊	（1+3+5）×措施费费率×8%
（一）	人工费小计	1+2
3	材料费	—
4	措施费分摊	（1+3+5）×措施费费率×87%
（二）	材料费小计	3+4
5	机械费	—
6	措施费分摊	（1+3+5）×措施费费率×5%
（三）	机械费小计	5+6
（四）	直接费小计	（一）+（二）+（三）
（五）	综合费用	（四）×综合费用费率
二	设备购置费	原价+设备运杂费

八、本指标的使用。本指标中的人工、材料、机械费的消耗量原则上不作调整。使用本指标时可按指标消耗量及工程所在地当时当地市场价格并按照规定的计算程序和方法调整指标，费率可参照指标确定，也可按各级建设行政主管部门发布的费率调整。

具体调整办法如下：

（一）建筑安装工程费的调整。

1. 人工费：以指标人工工日数乘以当时当地造价管理部门发布的人工单价确定。

2. 材料费：以指标主要材料消耗量乘以当时当地造价管理部门发布的相应材料价格确定。

$$其他材料费=指标其他材料费\times\frac{调整后的主要材料费}{指标（材料费小计-其他材料费-材料费中措施费分摊）}$$

3. 机械费：列出主要机械台班消耗量的调整方式：以指标主要机械台班消耗量乘以当时当地造价管理部门发布的相应机械台班价格确定。

$$其他机械费=指标其他机械费\times\frac{调整后的主要机械费}{指标（机械费小计-其他机械费-机械费中措施费分摊）}$$

未列出主要机械台班消耗量的调整方式：

$$机械费=指标机械费\times\frac{调整后的（人工费+材料费）}{指标（人工费+材料费）}$$

4. 直接费：调整后的直接费为调整后的人工费、材料费、机械费之和。

5. 综合费用：综合费用的调整应按当时当地不同工程类别的综合费率计算。计算公式如下：

综合费用=调整后的直接费×当时当地的综合费率

6. 建筑安装工程费：

建筑安装工程费=调整后的（直接费+综合费用）

（二）设备购置费的调整。指标中列有设备购置费的，按主要设备清单，采用当时当地的设备价格或上涨幅度进行调整。

（三）工程建设其他费用的调整。工程建设其他费用的调整，按国家规定的不同工程类别的工程建设其他费用费率计算。计算公式如下：

工程建设其他费用=调整后的（建筑安装工程费+设备购置费）
× 国家规定的工程建设其他费用费率

（四）基本预备费的调整。

基本预备费=调整后的（建筑安装工程费+设备购置费+工程建设其他费用）
×基本预备费费率

（五）指标基价的调整。

指标基价=调整后的（建筑安装工程费+设备购置费+工程建设其他费用
+基本预备费）

九、建设项目投资估算编制。编制建设项目投资估算，应按上述办法调整。指标中未列费用可根据有关规定调整。

十、本指标中指标编号为“×Z-×××”或“×F-×××”，除注明用英文字母表示外，均用阿拉伯数字表示。

其中：“-”线前部分×表示分册，Z表示综合指标，F表示分项指标；

“-”线后部分×××表示划分序号，同一部分顺序编号。

十一、本指标中注明“××以内”或“××以下”者，均包括××本身；而注明“××以外”或“××以上”者，均不包括××本身。

册　说　明

一、《市政工程投资估算指标》第十册“垃圾处理工程”（以下简称本指标），是根据现行城市生活垃圾处理设计规范、建设标准、施工验收规范以及相关产品标准、质量评定标准、安全操作规程，并参照相关行业、地方标准，结合全国主要城市和部分地区近年来垃圾处理工程有代表性的工程施工图和施工组织设计、工程项目的概预算资料等有关数据，经分析测算后进行编制的，是项目建议书、可行性研究报告阶段编制投资估算的依据，是多方案比较、优化设计、合理确定投资的基础；是开展项目评价、控制初步设计概算、推行限额设计的参考。

二、本指标适用于城市生活垃圾处理工程，包括城市生活垃圾转运、城市生活垃圾卫生填埋和城市生活垃圾焚烧工程，但不包括生活垃圾收集部分。

三、本指标编制主要依据及参考资料：

1．建设部、国家环境保护总局、科技部关于发布《城市生活垃圾处理及污染防治技术政策》的通知（建城〔2002〕20号）。

2．建设部关于批准发布《城市生活垃圾卫生填埋处理工程项目建设标准》的通知（建标〔2001〕101号）。

3．建设部、国家计委关于批准发布《城市生活垃圾焚烧处理工程项目建设标准》的通知（建标〔2001〕213号）。

4．《城市生活垃圾卫生填埋技术规范》（CJJ 17—2004）。

5．《生活垃圾卫生填埋场防渗系统工程技术规范》（CJJ 113—2007）。

6．《城市生活垃圾卫生填埋场运行维护技术规程》（CJJ 93—2003）。

7．《生活垃圾卫生填埋场封场技术规程》（CJJ 112—2007）。

8．《生活垃圾填埋场环境监测技术标准》（CJ/T 3037—1995）。

9．《生活垃圾转运站技术规范》（CJJ 47—2006）。

10．《城镇环境卫生设施设置标准》（CJJ 27—2005）。

11．《生活垃圾焚烧处理工程技术规范》（CJJ 90—2002）。

12．《生活垃圾焚烧污染控制标准》（GB 18485—2001）。

13．《生活垃圾焚烧炉》（GB/T 18750—2002）。

14．《小型火力发电厂设计规范》（GB 50049—94）。

15．《建筑设计防火规范》（GB 50016—2006）。

16．《污水综合排放标准》（GB 8978—1996）。

17．《恶臭污染物排放标准》（GB 14554—1993）。

18．《工业企业厂界噪声标准》（GB 12348—1990）。

19．部分省市建设工程概（预）算定额。

20．近期内各地建设和设计的有代表性的工程项目及相关概预算、结算资料。

四、费率取定：

1．措施费分别摊入人工费、材料费和机械费。措施费费率见下表：

项目	建筑工程	装饰工程	安装工程	市政工程
费率（%）	2.90	1.95	2.16	5.60

计费基数：人工费+材料费+机械费。

分摊比例：其中人工费 8%，材料费 87%，机械费 5%，分别按比例计算。

2．综合费用费率见下表：

项目	建筑工程	装饰工程	安装工程	市政工程
费率（%）	22.50	19.85	19.03	22.78

计费基数：估算指标直接费。

五、本指标分为填埋工程指标、焚烧工程指标和中转站工程指标及附录四部分。除附录外，每部分包括综合指标、分项指标。

综合指标是以垃圾处理典型工程为依据。填埋工程指标按填埋总库容设置项目，焚烧工程指标按额定日处理能力设置项目，中转站工程指标按垃圾日处理量设置项目。反映计量单位垃圾处理投资估算价格。

综合指标分为两部分：第一部分为指标基价，反映每计量单位指标单价及人工、材料、机械分析及建筑安装工程费、设备购置费、工程建设其他费用、基本预备费等；第二部分为分项工程费用，反映各分项工程每计量单位的费用。包括建筑安装工程费和设备购置费。

分项指标是以垃圾处理工程各主要结构部分和垃圾处理工艺为依据设置项目。反映建筑物单方投资估算价格及处理垃圾各工艺部分投资估算价格。包括建筑安装工程费、设备购置费等。

六、附录是以选定的典型工程为依据编制的垃圾处理工程投资估算实例及主要材料机械台班设备单价取定表。

1．编制生活垃圾处理工程估算应用实例。

（1）填埋处理工程应用实例。

（2）焚烧处理工程应用实例。

（3）中转站工程应用实例。

2．主要材料机械台班设备单价取定表。

七、相关说明：

1．本指标填埋工程、中转站工程未考虑地震设防、地质复杂等特殊情况。指标中设备均按国产设备考虑。

2．由于本指标是根据典型工程编制，因此指标中包含的分项内容未作统一要求。使用时应注意项目基本情况的描述及库容大小，并进行调整。

目　录

1　填埋工程指标

说　明

一、适用范围

本指标是依据近期各地设计和建设的有代表性的生活垃圾填埋工程项目的经济技术资料编制而成，本指标所涉及的生活垃圾填埋工程投资估算指标适用于以填埋方式处理生活垃圾的新建、扩建工程，不适用于维修和技术改造工程以及有毒、有害废物和危险废物的垃圾处理工程和技术改造工程。

二、指标项目划分及编制说明

依据《城市生活垃圾卫生填埋处理工程项目建设标准》和已建垃圾处理工程实际情况，本指标项目划分如下：

1. 综合指标：由于城市生活垃圾卫生填埋处理工程的工程造价受工程地形的影响比较大。按目前掌握的城市生活垃圾卫生填埋处理工程的项目资料分析，尚不能确定此类项目的工程造价同建设规模存在一定的比例关系。为了更准确地反映和确定该类工程项目的准确造价以及为今后该部分投资估算指标的不断完善，按照《城市生活垃圾卫生填埋处理工程项目建设标准》。对项目划分为四大类。即总容量为100万～200万立方米为Ⅰ类，总容量为200万～500万立方米为Ⅱ类，总容量为500万～1200万立方米为Ⅲ类，总容量为1200万立方米以上为Ⅳ类，每一类再按库容划分不同档次。

2. 分项指标：分项指标分为填埋区和管理区两部分。按各单项工程的规模、结构特征和工艺标准，选择具有代表性的单项工程编制而成。

3. 设备购置费指标中包括了与填埋工艺有关的地磅、加油机、洗车设备、附属机修设备及泵类安装工程。填埋设备、污水处理的设备购置费包括在分项工程费中。给排水工艺管道及阀门、电力电缆、控制电缆、滑触线、暖气片等费用均计入建筑安装工程费中。

4. 对于有温度要求的单项工程的分项指标，考虑了采暖和空调工程，使用时应根据地域差别注意调整。

5. 分项指标列有工程特征说明，介绍了单项工程的结构特征、工艺标准、主要做法等内容，以便使用时参考比较。当条件相差较大、设计标准不同时，应按工程实际情况进行调整。

6. 本指标未包括地基处理等费用。

7. 指标基价不含厂区室外土方工程和厂外工程。在编制估算时，可根据项目选址的实际情况估算厂区室外土方工程及厂外工程费用。

三、工程量计算规则

1. 城市生活垃圾卫生填埋处理工程的综合指标按填埋库容以“$10000m^3$”计算。

2. 土石方、垃圾坝、挡墙护坡按实际体积以“m^3”计算。

3. 库底防渗系统、边坡防渗系统按防渗面积以“m^2”计算。

4. 渗沥液收集系统、渗沥液排出系统、地下水导排按管道长度以“m”计算。

5. 填埋区马道按面积以“m^2”计算。

6. 填埋气体导排按长度以“m”计算。

7. 截洪沟及排洪沟按长度以“m”计算。

8. 建筑分项指标按不同结构形式以建筑面积以“m^2”计算。

9. 道路按面积以“m^2”计算。

10. 围墙按面积以“m^2”计算。

11. 绿化按面积以“m^2”计算。

12. 电气工程变配电系统按设备总装机容量以“kW”计算。

13. 给水工程、排水工程按管理区面积以“m^2”计算。

1.1 综合指标

工程特征：1. 填埋场总库容：100 万立方米以内；2. 填埋场类型：山谷型；3. 日处理规模：200t；4. 服务年限：15 年；5. 填埋场防渗结构及面积：HDPE 毛面防渗膜+GCL 膨润土垫复合防渗的结构；6. 地下水情况：地下水较低，故不设地下水导排系统；7. 垃圾坝长度：为碾压土石坝，长度为 525.62m，高度为 18m；8. 管理区总建筑面积：992.4m^2；9. 渗沥液处理规模、出水标准：100m^3/d，达到一级排放标准。

单位：10000m^3

指标编号				10Z-001	
项目			单位	I类 填埋区总库容	
				100 以内	占指标基价（%）
指标基价			元	383757	100.00
一、建筑安装工程费			元	214150	55.80
二、设备购置费			元	94677	24.67
三、工程建设其他费用			元	46504	12.12
四、基本预备费			元	28426	7.41
建筑安装工程费					
直接费	人工费	人工	工日	721	—
		措施费分摊	元	455	—
		人工费小计	元	22828	5.95
	材料费	HDPE 毛面防渗膜（1.5mm）	m^2	825.79	—
		无纺土工布（200g/m^2）	m^2	597.52	—
		无纺土工布（400g/m^2）	m^2	1590.89	—
		膨润土垫（5000g/m^2）	m^2	825.79	—
		HDPE 管（*DN*250）	m	6.26	—
		HDPE 管（*DN*350）	m	4.48	—
		水泥 综合	kg	10243.61	—
		钢材 综合	kg	205.96	—
		标准砖	千块	1.63	—
		粗砂	t	32.16	—
		砾石	t	347.06	—
		沥青混凝土	m^3	2.63	—
		其他材料费	元	78089	—
		措施费分摊	元	4952	—
		材料费小计	元	125577	32.72
	机械费	机械费	元	28178	—
		措施费分摊	元	285	—
		机械费小计	元	28462	7.42
	直接费小计		元	176867	46.09
综合费用			元	37284	9.72
合计			元	214150	—

分项工程费用

单位：$10000m^3$

序号	指标编号		10Z-001	
	名　　称	单位	数量	费用（元）
一	填埋区			
1	库区土石方	m^3	2080	37285
2	水平防渗系统	m^2	795	113728
3	渗沥液导排系统	项	—	13357
4	气体导排系统	项	—	294
5	垃圾坝	m^3	79	7960
6	截洪、排洪系统	m	10	6160
7	调节池	m^3	56	5659
8	填埋设备	项	—	33097
9	地下水监测井	座	0.06	373
10	其他项目	项	—	2638
	合计		—	220552
二	管理区			
1	管理区	项	—	6766
三	总图			
1	场区土石方	m^3	45	1085
2	场区道路	m^2	52	7594
3	场区给排水	项	—	2027
4	场区电气	项	—	3060
5	围墙、大门	项	—	266
6	绿化	项	—	1113
7	其他项目	项	—	4785
	合计		—	19930
四	渗沥液处理			
1	渗沥液处理	项	—	61580

工程特征： 1. 填埋场总库容：150 万 m^3 以内；2. 填埋场类型：山谷型；3. 日处理规模：250t；4. 服务年限：17 年；5. 填埋场防渗结构及面积：2.0mmHDPE 毛面防渗膜+GCL 膨润土垫复合防渗的结构，防渗面积为 75000m^2；6. 地下水情况：采用盲沟与速排笼结合的方式进行导排；7. 垃圾坝长度：为单向格栅加筋反包土石坝，长度为 185.5m，高度为 150m；8. 管理区总建筑面积：403m^2；9. 渗沥液处理规模、出水标准：渗沥液排至污水处理厂。

单位：10000m^3

指标编号				10Z-002	
项目			单位	I类　填埋区总库容	
				150 以内	占指标基价（%）
指标基价			元	316657	100.00
一、建筑安装工程费			元	220344	69.58
二、设备购置费			元	35497	11.21
三、工程建设其他费用			元	37360	11.80
四、基本预备费			元	23456	7.41
建筑安装工程费					
直接费	人工费	人工	工日	572	—
		措施费分摊	元	457	—
		人工费小计	元	18193	5.75
	材料费	HDPE 毛面防渗膜（2.0mm）	m^2	646.19	—
		无纺土工布（200g/m^2）	m^2	218.76	—
		无纺土工布（600g/m^2）	m^2	631.05	—
		膨润土垫（5000g/m^2）	m^2	631.05	—
		HDPE 管（*DN*100）	m	10.52	—
		HDPE 管（*DN*200）	m	0.32	—
		HDPE 管（*DN*350）	m	23.14	—
		水泥 综合	kg	8044.67	—
		钢材 综合	kg	2480.26	—
		标准砖	千块	1.45	—
		粗砂	t	27.97	—
		砾石	t	116.24	—
		沥青混凝土	m^3	0.35	—
		其他材料费	元	13358	—
		措施费分摊	元	4965	—
		材料费小计	元	118367	37.38
	机械费	机械费	元	45122	—
		措施费分摊	元	285	—
		机械费小计	元	45408	14.34
	直接费小计		元	181967	57.56
综合费用			元	38377	12.12
合　计			元	220344	—

分项工程费用

单位：$10000m^3$

序号	指标编号		10Z-002	
	名　称	单位	数量	费用（元）
一	填埋区			
1	库区土石方	m^3	1342	25755
2	水平防渗系统	m^2	631	86400
3	渗沥液导排系统	项	—	4382
4	气体导排系统	项	—	524
5	地下水导排系统	项	—	10558
6	垃圾坝	m^3	351	9659
7	截洪、排洪系统	m	11	9363
8	调节池	m^3	46	22438
9	填埋设备	项	—	34119
10	环境监测设备	项	—	2666
11	其他项目	项	—	7466
	合计		—	213328
二	管理区			
1	管理区	项	—	8850
三	总图			
1	场区土石方	m^3	463	11577
2	场区道路	m^2	46	7778
3	场区给排水	项	—	2443
4	场区电气	项	—	6967
5	场区热力管道	项	—	140
6	围墙、大门	项	—	1984
7	绿化	项	—	673
8	其他项目	项	—	2101
	合计		—	33663

工程特征：1. 填埋场总库容：200 万立方米以内；2. 填埋场类型：山谷型；3. 日处理规模：300t；4. 服务年限：14 年；5. 填埋场防渗结构及面积：人工防渗，防渗膜面积 10.704 万平方米；6. 地下水情况：地下水为潜水；7. 垃圾坝：黏土型，长 50m，宽 7m，高 12m，内坡 1∶1.5，外坡 1∶2，浆砌片石护坡；8. 管理区总建筑面积：1138.70m^2；9. 渗沥液处理规模、出水标准：污水排至污水处理厂。

单位：10000m^3

指标编号				10Z-003	
项目			单位	Ⅰ类 填埋区总库容	
				200 以内	占指标基价（%）
指标基价			元	254553	100.00
一、建筑安装工程费			元	171542	67.39
二、设备购置费			元	35997	14.14
三、工程建设其他费用			元	28157	11.06
四、基本预备费			元	18856	7.41
建筑安装工程费					
直接费	人工费	人工	工日	508	—
		措施费分摊	元	320	—
		人工费小计	元	16083	6.32
	材料费	HDPE 毛面防渗膜（2.0mm）	m^2	597.38	—
		无纺土工布（300g/m^2）	m^2	404.48	—
		无纺土工布（600g/m^2）	m^2	869.97	—
		HDPE 管（*DN*400）	m	5.65	—
		水泥 综合	kg	2794.23	—
		钢材 综合	kg	457.11	—
		标准砖	千块	4.10	—
		粗砂	t	21.33	—
		砾石	t	213.57	—
		预拌混凝土 C25	m^3	6.01	—
		其他材料费	元	38445	—
		措施费分摊	元	3475	—
		材料费小计	元	103659	40.72
	机械费	机械费	元	21667	—
		措施费分摊	元	280	—
		机械费小计	元	21947	8.62
	直接费小计		元	141689	55.66
综合费用			元	29854	11.73
合计			元	171542	—

分项工程费用

单位：10000m^3

序号	指标编号		10Z-003	
	名　称	单位	数量	费用（元）
一	填埋区			
1	库区土石方（不买土）	m^3	2838.43	34637
2	水平防渗系统	m^2	584.28	65501
3	渗沥液导排系统	项	—	6776
4	气体导排系统	项	—	326
5	地下水导排系统	项	—	6817
6	垃圾坝	m^3	38.21	2216
7	截洪、排洪系统	m	10.52	3854
8	雨水导排系统	项	—	1778
9	调节池	m^3	27.29	2988
10	填埋设备	项	—	29083
11	环境监测设备	项	—	348
12	地下水监测井	座	0.03	409
13	其他项目	项	—	9091
	合计		—	163824
二	管理区			
1	管理区	项	—	8846
三	总图			
1	场区土石方（不买土）	m^3	12.43	127
2	场区道路及广场	m^2	65.50	7860
3	场区给排水	项	—	4338
4	场区电气	项	—	3209
5	围墙	项	—	8068
6	绿化	项	—	6303
7	运输设备	项	—	3439
8	其他项目	项	—	1527
	合计		—	34871

工程特征：1. 填埋场总库容：250 万立方米以内；2. 填埋场类型：山谷型；3. 日处理规模：600t；4. 服务年限：13 年；5. 填埋场防渗结构及面积：2.0mmHDPE 毛面防渗膜，防渗面积为 214600m^2；6. 地下水情况：采用主次盲沟方式进行导排；7. 垃圾坝长度：为碾压土坝，长度为 199.00m，最大坝高为 10m；8. 管理区总建筑面积：2350m^2；9. 渗沥液处理规模、出水标准：300t/d，三级排放标准。

单位：10000m^3

指标编号				10Z-004	
项目			单位	Ⅱ类　填埋区总库容	
				250 以内	占指标基价（%）
指标基价			元	280212	100.00
一、建筑安装工程费			元	179414	64.03
二、设备购置费			元	47150	16.83
三、工程建设其他费用			元	32891	11.74
四、基本预备费			元	20756	7.41
建筑安装工程费					
直接费	人工费	人工	工日	652	—
		措施费分摊	元	377	—
		人工费小计	元	20608	7.35
	材料费	HDPE 毛面防渗膜（2.0mm）	m^2	864.94	—
		无纺土工布（400g/m^2）	m^2	864.94	—
		无纺土工布（1000g/m^2）	m^2	864.94	—
		HDPE 管（*DN*200）	m	8.98	—
		HDPE 管（*DN*250）	m	4.92	—
		HDPE 管（*DN*300）	m	3.71	—
		水泥 综合	kg	12468.25	—
		钢材 综合	kg	1203.29	—
		标准砖	千块	2.81	—
		粗砂	m^3	37.00	—
		砾石	m^3	477.81	—
		沥青混凝土	m^3	2.31	—
		其他材料费	元	14315	—
		措施费分摊	元	4098	—
		材料费小计	元	89598	31.98
	机械费	机械费	元	37748	—
		措施费分摊	元	236	—
		机械费小计	元	37984	13.56
	直接费小计		元	148190	52.89
综合费用			元	31224	11.14
合　计			元	179414	—

分项工程费用

单位：$10000m^3$

序号	指 标 编 号		10Z-004	
	名　称	单位	数量	费用（元）
一			填埋区	
1	库区土石方	m^3	1894	35990
2	防渗系统	m^2	516	56947
3	渗沥液导排系统	项	—	8202
4	气体导排系统	项	—	390
5	地下水导排系统	项	—	6244
6	垃圾坝（黏土坝）	m^3	146	5272
7	截污坝（堤）	m^3	15	3929
8	截洪、排洪系统	m	9	6243
9	调节池	m^3	8	4312
10	填埋设备	项	—	29697
11	环境监测设备	项	—	2426
12	地下水监测井	项	—	312
13	其他项目	项	—	7716
	合计		—	167683
二			管理区	
1	管理区总建筑面积	项	—	14730
三			总图	
1	场区土石方	m^3	187	254
2	场区道路	m^2	34	7871
3	场区给排水	项	—	3761
4	场区电气	项	—	3067
5	场区热力管道	项	—	—
6	围墙、大门	项	—	1023
7	绿化	项	—	1065
8	其他项目	项	—	7767
	合计		—	24807
四			渗沥液处理	
1	渗沥液处理	项	—	19345

工程特征：1. 填埋场总库容：300 万立方米以内；2. 填埋场类型：平原型；3. 日处理规模:700t；4. 服务年限：10 年；5. 填埋场防渗结构及面积：人工防渗，防渗膜面积 19.77 万平方米；6. 地下水情况：地下水为潜水位承压水；7. 管理区总建筑面积：1443.75m^2；8. 渗沥液处理规模、出水标准：200m^3/d,二级排放标准。

单位：10000m^3

指标编号				10Z-005	
项目			单位	Ⅱ类 填埋区总库容	
				300 以内	占指标基价（%）
指标基价			元	268949	100.00
一、建筑安装工程费			元	189294	70.38
二、设备购置费			元	29936	11.13
三、工程建设其他费用			元	29798	11.08
四、基本预备费			元	19922	7.41
建筑安装工程费					
直接费	人工费	人工	工日	452	—
		措施费分摊	元	483	—
		人工费小计	元	14509	5.39
	材料费	HDPE 毛面防渗膜（1.5mm）	m^2	696.13	—
		无纺土工布（200g/m^2）	m^2	1392.61	—
		HDPE 管（*DN*300）	m	6.15	—
		HDPE 管（*DN*400）	m	0.26	—
		水泥 综合	kg	1061.52	—
		钢材 综合	kg	689.62	—
		标准砖	千块	3.21	—
		粗砂	t	5.93	—
		砾石	t	474.16	—
		预拌混凝土 C25	m^3	6.15	—
		其他材料费	元	63037	—
		措施费分摊	元	5253	—
		材料费小计	元	132214	49.16
	机械费	机械费	元	9300	—
		措施费分摊	元	302	—
		机械费小计	元	9602	3.57
	直接费小计		元	156325	58.12
综合费用			元	32969	12.26
合 计			元	189294	—

分项工程费用

单位：$10000m^3$

序号	指标编号		10Z-005	
	名　称	单位	数量	费用（元）
一			填埋区	
1	库区土石方	m^3	1557.326	64439
2	水平防渗系统	m^2	696.127	65892
3	渗沥液导排系统	项	—	26459
4	气体导排系统	项	—	—
4	地下水导排系统	项	—	—
5	垃圾坝	m^3	—	—
6	截洪、排洪系统	m	—	—
7	调节池	m^3	7.732	2747
8	填埋设备	项	—	16919
9	环境监测设备	项	—	1095
10	地下水监测井	座	0.014	211
11	其他项目	项	—	9309
	合计		—	187072
二			管理区	
1	管理区	项	—	7551
三			总图	
1	场区土石方	m^3	10.167	292
2	场区道路及广场	m^2	46.947	5634
3	场区给排水	项	—	2903
4	场区电气	项	—	1605
5	场区热力管道	项	—	148
6	围墙、大门	项	—	2898
7	绿化	项	—	3665
9	其他项目	项	—	2223
	合计		—	19368
四			渗沥液处理	
1	渗沥液处理	项	—	5238

工程特征： 1. 填埋场总库容：350 万立方米以内；2. 填埋场类型：山谷型；3. 日处理规模：400t；4. 服务年限：24 年；5. 填埋场防渗结构及面积：2.0mmHDPE 毛面防渗膜，防渗面积为 247960m^2；6. 地下水情况：采用主次盲沟方式进行导排；7. 垃圾坝长度：为碾压土坝，长度为 524.2m，最大坝高为 6.5m；8. 管理区总建筑面积：1564m^2；9. 渗沥液处理规模、出水标准：150t/d，三级排放标准。

单位：10000m^3

指标编号				10Z-006	
项目			单位	Ⅱ类 填埋区总库容	
				350 以内	占指标基价（%）
指标基价			元	234485	100.00
一、建筑安装工程费			元	156615	66.79
二、设备购置费			元	32874	14.02
三、工程建设其他费用			元	27626	11.78
四、基本预备费			元	17369	7.41
建筑安装工程费					
直接费	人工费	人工	工日	563	—
		措施费分摊	元	360	—
		人工费小计	元	17829	7.60
	材料费	HDPE 毛面防渗膜（2.0mm）	m^2	1161.70	—
		无纺土工布（500g/m^2）	m^2	871.93	—
		无纺土工布（1000g/m^2）	m^2	0.00	—
		膨润土垫（5000g/m^2）	m^2	0.00	—
		HDPE 管（*DN*100）	m	0.00	—
		HDPE 管（*DN*200）	m	9.59	—
		HDPE 管（*DN*250）	m	7.24	—
		HDPE 管（*DN*300）	m	7.22	—
		水泥 综合	kg	10978.40	—
		钢材 综合	kg	1059.54	—
		标准砖	千块	2.80	—
		粗砂	m^3	32.52	—
		砾石	m^3	420.01	—
		沥青混凝土	m^3	2.03	—
		其他材料费	元	12570	—
		措施费分摊	元	3910	—
		材料费小计	元	78112	33.31
	机械费	机械费	元	33182	—
		措施费分摊	元	225	—
		机械费小计	元	33406	14.25
	直接费小计		元	129348	55.16
综合费用			元	27267	11.63
合计			元	156615	—

分项工程费用

单位：$10000m^3$

序号	指标编号		10Z-006	
	名称	单位	数量	费用（元）
一	填埋区			
1	库区土石方	m^3	2034	20837
2	防渗系统	m^2	1137	57824
3	渗沥液导排系统	项	—	4989
4	气体导排系统	项	—	66
5	地下水导排系统	项	—	5043
6	垃圾坝（黏土坝）	m^3	86	2159
7	调节池	m^3	128	2380
8	填埋设备	项	—	30901
9	地下水监测井	项	—	590
10	其他项目	项	—	7949
	合计		—	132736
二	管理区			
1	管理区总建筑面积	项	—	9201
三	总图			
1	场区土石方	m^3	—	4103
2	场区道路	m^2	—	5743
3	场区给排水	项	—	1233
4	场区电气	项	—	2743
5	场区热力管道	项	—	
6	围墙、大门	项	—	1061
7	绿化	项	—	2004
8	其他项目	项	—	10605
	合计		—	27492
四	渗沥液处理			
1	渗沥液处理	项	—	20059

工程特征：1．填埋场总库容：400 万立方米以内；2．填埋场类型：山谷型；3．日处理规模：360t；4．服务年限：20 年；5．填埋场防渗结构及面积：2.0mmHDPE 毛面防渗膜，防渗面积为：260400m^2；6．地下水情况：采用盲沟进行导排；7．垃圾坝：土坝、长度为 78m、高度为 11m；8．管理区总建筑面积：1999m^2；9．渗沥液处理规模、出水标准：三级标准。

单位：10000m^3

指标编号				10Z-007	
项目			单位	Ⅱ类　填埋区总库容	
				400 以内	占指标基价（%）
指标基价			元	197245	100.00
一、建筑安装工程费			元	139288	70.62
二、设备购置费			元	19552	9.91
三、工程建设其他费用			元	23794	12.06
四、基本预备费			元	14611	7.41
建筑安装工程费					
直接费	人工费	人工	工日	578	—
		措施费分摊	元	353	—
		人工费小计	元	18288	9.27
	材料费	HDPE 毛面防渗膜（2.0mm）	m^2	703.78	—
		无纺土工布（200g/m^2）	m^2	13.51	—
		无纺土工布（300g/m^2）	m^2	279.73	—
		无纺土工布（600g/m^2）	m^2	1132.43	—
		HDPE 管（*DN*200）	m	7.30	—
		HDPE 管（*DN*300）	m	5.68	—
		水泥 综合	kg	7412.71	—
		钢材 综合	kg	243.85	—
		标准砖	千块	0.97	—
		粗砂	t	6.36	—
		砾石	m^3	34.36	—
		沥青混凝土	m^3	5.40	—
		其他材料费	元	7879.13	—
		措施费分摊	元	3835	—
		材料费小计	元	76257	38.66
	机械费	机械费	元	20254	—
		措施费分摊	元	220	—
		机械费小计	元	20475	10.38
	直接费小计		元	115019	58.31
综合费用			元	24269	12.30
合　计			元	139288	—

分项工程费用

单位：10000m^3

序号	指标编号		10Z-007	
	名　称	单位	数量	费用（元）
一	填埋区			
1	库区土石方	m^3	1443.34	18328
2	水平防渗系统	m^2	703.78	62893
3	渗沥液导排系统	项	—	5601
4	气体导排系统	项	—	4059
5	地下水导排系统	项	—	3232
6	垃圾坝	m^3	41.89	775
8	截污坝（堤）	m^3	27.03	1021
9	截洪、排洪系统	m	5.55	4443
10	调节池	m^3	—	2098
11	填埋设备	项	—	7514
12	其他项目	项	—	5335
	合计		—	115299
二	管理区			
1	管理区	项	—	5446
三	总图			
1	场区土石方	m^3	481.11	6109
2	场区道路	m^2	50.54	8838
3	场区给排水	项	—	1873
4	场区电气	项	—	345
5	场区热力管道	项	—	575
6	围墙、大门	项	—	108
7	绿化	项	—	1622
8	其他项目	项	—	5494
	合计		—	24964
四	渗沥液处理			
1	渗沥液处理	项	—	13131

工程特征：1. 填埋场总库容：450 万立方米以内；2. 填埋场类型：平原型；3. 日处理规模：500t；4. 服务年限：15 年；5. 填埋场防渗结构及面积：224600m²；6. 地下水情况：地下水较低，故不设地下水导排系统；7. 管理区总建筑面积：6678m²；8. 渗沥液处理规模、出水标准：渗沥液回灌处理。

单位：10000m³

指标编号			单位	10Z-008	
项目				Ⅱ类 填埋区总库容	
				450 以内	占指标基价（%）
指标基价			元	273984	100.00
一、建筑安装工程费			元	181027	66.07
二、设备购置费			元	40421	14.75
三、工程建设其他费用			元	32241	11.77
四、基本预备费			元	20295	7.41
建筑安装工程费					
直接费	人工费	人工	工日	661	—
		措施费分摊	元	380	—
		人工费小计	元	20891	7.62
	材料费	HDPE 毛面防渗膜（1.5mm）	m²	582.05	—
		无纺土工布（150g/m²）	m²	542.38	—
		无纺土工布（500g/m²）	m²	579.26	—
		5000g/m² 膨润土垫	m²	579.26	—
		HDPE 管（*DN*200）	m	5.44	—
		HDPE 管（*DN*355）	m	1.79	—
		水泥 综合	kg	1044.81	—
		钢材 综合	kg	946.02	—
		标准砖	千块	3.84	—
		粗砂	t	54.51	—
		砾石	t	584.46	—
		沥青混凝土	m³	2.34	—
		其他材料费	元	8941.97	—
		措施费分摊	元	4155	—
		材料费小计	元	90095	32.88
	机械费	机械费	元	38273	—
		措施费分摊	元	239	—
		机械费小计	元	38512	14.06
	直接费小计		元	149498	54.56
综合费用			元	31529	11.51
合　计			元	181027	—

分项工程费用

单位：$10000m^3$

序号	指标编号			10Z-008
	名称	单位	数量	费用（元）
一	填埋区			
1	库区土石方	m^3	1338	41384
2	水平防渗系统	m^2	579	86557
3	渗沥液导排系统	项	—	4827
4	气体导排系统	项	—	4679
9	截洪、排洪系统	m	4	2988
10	渗沥液回喷（灌）系统	项	—	—
11	调节池	m^3	9	1415
12	填埋设备	项	—	25187
13	环境监测设备	项	—	694
14	地下水监测井	座	0.013	577
15	其他项目	项	—	12091
	合计		—	180400
二	管理区			
1	管理区	项	—	24279
三	总图			
1	场区土石方	m^3	47	2890
2	场区道路	m^2	41	7077
3	场区给排水	项	—	994
4	场区电气	项	—	2129
5	场区热力管道	项	—	580
6	围墙、大门	项	—	442
7	绿化	项	—	2579
8	其他项目	项	—	77
	合计		—	16768

工程特征： 1. 填埋场总库容：500万立方米以内；2. 填埋场类型：山谷型；3. 日处理规模：350t；4. 服务年限：42年；5. 填埋场防渗结构及面积：2.0mmHDPE毛面防渗膜+5000g/m²GCL膨润土垫复合防渗的结构，防渗面积为214600m²；6. 地下水情况：采用盲沟与*DN*250HDPE花管结合的方式进行导排；7. 垃圾坝长度：为碾压土坝，长度为295.78m，最大坝高为10.98m；8. 管理区总建筑面积：243m²；9. 渗沥液处理规模、出水标准：渗沥液送污水处理厂处理。

单位：10000m³

指标编号				10Z-009	
项目			单位	Ⅱ类 填埋区总库容	
				500以内	占指标基价（%）
指标基价			元	216702	100.00
一、建筑安装工程费			元	158056	72.94
二、设备购置费			元	17306	7.99
三、工程建设其他费用			元	25287	11.67
四、基本预备费			元	16052	7.41
建筑安装工程费					
直接费	人工费	人工	工日	573	—
		措施费分摊	元	401	—
		人工费小计	元	18182	8.39
	材料费	HDPE毛面防渗膜（2.0mm）	m²	506.41	—
		无纺土工布（400g/m²）	m²	469.24	—
		无纺土工布（1000g/m²）	m²	469.24	—
		膨润土垫（5000g/m²）	m²	469.24	—
		HDPE管（*DN*100）	m	14.21	—
		HDPE管（*DN*150）	m	0.92	—
		HDPE管（*DN*250）	m	3.22	—
		HDPE管（*DN*800）	m	0.50	—
		水泥 综合	kg	11018.37	—
		钢材 综合	kg	1063.46	—
		标准砖	千块	2.47	—
		粗砂	m³	32.52	—
		砾石	m³	419.94	—
		沥青混凝土	m³	2.03	—
		其他材料费	元	12539	—
		措施费分摊	元	4366	—
		材料费小计	元	78898	36.41
	机械费	机械费	元	33176	—
		措施费分摊	元	251	—
		机械费小计	元	33427	15.43
	直接费小计		元	130506	60.22
综合费用			元	27550	12.71
合计			元	158056	—

分项工程费用

单位：$10000m^3$

序号	指 标 编 号		10Z-009	
	名 称	单位	数量	费用（元）
一			填埋区	
1	防渗系统	m^2	469	89127
2	渗沥液导排系统	项	—	2917
3	气体导排系统	项	—	190
4	地下水导排系统	项	—	2062
5	垃圾坝（黏土坝）	m^3	164	3064
6	截污坝（堤）	m^3	50	1344
7	截洪、排洪系统	m	4	8393
8	调节池	m^3	124	16060
9	填埋设备	项	—	22256
10	地下水监测井	项	—	96
11	其他项目	项	—	16944
	合计		—	162454
二			管理区	
1	管理区总建筑面积	项	—	2267
三			总图	
1	场区土石方	m^3	109	2106
2	场区道路	m^2	20	2645.93
3	场区给排水	项	—	—
4	场区电气	项	—	1634
5	场区热力管道	项	—	—
6	绿化	项	—	—
7	其他项目	项	—	4254
	合计		—	10640

工程特征：1. 填埋场总库容：600万立方米以内；2. 填埋场类型：山谷型；3. 日处理规模：700t；4. 服务年限：20年；5. 填埋场防渗结构及面积：2.0mmHDPE毛面防渗膜，防渗面积459000m^2；6. 地下水情况：采用盲沟进行导排；7. 垃圾坝：土坝、长度为82m、高度为13m；8. 管理区总建筑面积：2001m^2；9. 渗沥液处理规模、出水标准：三级标准。

单位：10000m^3

指标编号				10Z-010	
项目			单位	Ⅲ类 填埋区总库容	
				600以内	占指标基价（%）
指标基价			元	170640	100.00
一、建筑安装工程费			元	123368	72.30
二、设备购置费			元	15044	8.82
三、工程建设其他费用			元	19589	11.48
四、基本预备费			元	12640	7.41
建筑安装工程费					
直接费	人工费	人工	工日	399	—
		措施费分摊	元	313	—
		人工费小计	元	12694	7.44
	材料费	HDPE毛面防渗膜（2.0mm）	m^2	842.20	—
		无纺土工布（600g/m^2）	m^2	1420.18	—
		无纺土工布（200g/m^2）	m^2	0.35	—
		HDPE管(*DN*400)	m	1.81	—
		HDPE管(*DN*300)	m	1.14	—
		HDPE管(*DN*250)	m	0.80	—
		HDPE管(*DN*200)	m	1.29	—
		水泥 综合	kg	5021.47	—
		钢材 综合	kg	152.28	—
		标准砖	千块	3.47	—
		粗砂	t	6.76	—
		砾石	m^3	22.01	—
		沥青混凝土	m^3	3.49	—
		其他材料费	元	5814	—
		措施费分摊	元	3408	—
		材料费小计	元	77177	45.23
	机械费	机械费	元	11806	—
		措施费分摊	元	196	—
		机械费小计	元	12002	7.03
	直接费小计		元	101873	59.70
综合费用			元	21495	12.60
合计			元	123368	—

分项工程费用

单位：$10000m^3$

序号	指标编号		10Z-010	
	名　　称	单位	数量	费用（元）
一	填埋区			
1	库区土石方	m^3	523.95	9703
2	水平防渗系统	m^2	842.20	64790
3	渗沥液导排系统	项	—	2794
4	气体导排系统	项	—	276
5	地下水导排系统	项	—	842
6	垃圾坝	m^3	69.72	5020
7	截污坝（堤）	m^3	36.70	1912
8	截洪、排洪系统	m	10.33	9120
9	调节池	m^3	—	1322
10	填埋设备	项	—	9615
11	环境监测设备	项	—	248
12	地下水监测井	座	0.01	917
13	其他项目	项	—	9419
	合计		—	115977
二	管理区			
1	管理区	项	—	6366
三	总图			
1	场区土石方	m^3	203.76	3773
2	场区道路	m^2	28.77	2356
3	场区给排水	项	—	684
4	场区电气	项	—	547
5	场区热力管道	项	—	101
6	围墙、大门	项	—	1495
7	绿化	项	—	963
8	其他项目	项	—	3285
	合计		—	13205
四	渗沥液处理			
1	渗沥液处理	项	—	2864

工程特征：1. 填埋场总库容：700 万立方米以内；2. 填埋场类型：山谷型；3. 日处理规模：450t；4. 服务年限：32 年；5. 填埋场防渗结构及面积：1.5mmHDPE 毛面防渗膜+5000g/m^2 膨润土垫，防渗面积为 208310m^2；6. 地下水情况：采用主次盲沟方式进行导排；7. 垃圾坝长度：为碾压土坝，长度为 296.44m，最大坝高为 16m；8. 管理区总建筑面积：1537m^2；9. 渗沥液处理规模、出水标准：100t/d，一级排放标准。

单位：10000m^3

指标编号				10Z-011	
项目			单位	Ⅲ类 填埋区总库容	
				700 以内	占指标基价（%）
指标基价			元	185810	100.00
一、建筑安装工程费			元	121745	65.52
二、设备购置费			元	28529	15.35
三、工程建设其他费用			元	21772	11.72
四、基本预备费			元	13764	7.41
建筑安装工程费					
直接费	人工费	人工	工日	442	—
		措施费分摊	元	310	—
		人工费小计	元	14025	7.55
	材料费	HDPE 毛面防渗膜（1.5mm）	m^2	606.93	—
		无纺土工布（500g/m^2）	m^2	1213.85	—
		无纺土工布（150g/m^2）	m^2	136.50	—
		5000g/m^2 膨润土垫	m^2	606.93	—
		HDPE 管（*DN*150）	m	0.14	—
		HDPE 管（*DN*200）	m	4.15	—
		HDPE 管（*DN*250）	m	0.00	—
		HDPE 管（*DN*300）	m	3.90	—
		水泥 综合	kg	8580.32	—
		钢材 综合	kg	828.28	—
		标准砖	千块	1.90	—
		粗砂	m^3	25.07	—
		砾石	m^3	323.73	—
		沥青混凝土	m^3	1.57	—
		其他材料费	元	9606	—
		措施费分摊	元	3367	—
		材料费小计	元	60748	32.69
	机械费	机械费	元	25575	—
		措施费分摊	元	194	—
		机械费小计	元	25769	13.87
	直接费小计		元	100541	54.11
综合费用			元	21204	11.41
合计			元	121745	—

分项工程费用

单位：$10000m^3$

序号	指标编号		10Z-011	
	名称	单位	数量	费用（元）
一	填埋区			
1	库区土石方	m^3	1133	14620
2	防渗系统	m^2	607	52250
3	渗沥液导排系统	项	—	2511
4	气体导排系统	项	—	39
5	地下水导排系统	项	—	796
6	垃圾坝（黏土坝）	m^3	139	2068
7	截洪、排洪系统	m	9	2987
8	调节池	m^3	58	1898
9	填埋设备	项	—	2347
10	地下水监测井	项	—	375
11	其他项目	项	—	21361
	合计		—	101252
二	管理区			
1	管理区总建筑面积	项	—	6961
三	总图			
1	场区土石方	m^3	28	482
2	场区道路	m^2	34	3814.55
3	场区给排水	项	—	2179
4	场区电气	项	—	2188
5	场区热力管道	项	—	—
6	围墙、大门	项	—	721
7	绿化	项	—	660
8	其他项目	项	—	8133
	合计		—	18178
四	渗沥液处理			
1	渗沥液处理	项	—	23884

工程特征：1．填埋场总库容：800 万立方米以内；2．填埋场类型：平原型；3．日处理规模：1100t；4．服务年限：15 年；5．填埋场防渗结构及面积：2.0mmHDPE 毛面防渗膜，防渗面积为：271400m^2；6．地下水情况：采用盲沟进行导排；7．垃圾坝：无；8．管理区总建筑面积：1900m^2；9．渗沥液处理规模、出水标准：污水排至污水处理厂。

单位：10000m^3

指标编号				10Z-012	
项目			单位	Ⅲ类　填埋场总库容	
				800 以内	占指标基价（%）
指标基价			元	174141	100.00
一、建筑安装工程费			元	121332	69.67
二、设备购置费			元	19505	11.20
三、工程建设其他费用			元	20404	11.72
四、基本预备费			元	12899	7.41
建筑安装工程费					
直接费	人工费	人工	工日	405	—
		措施费分摊	元	308	—
		人工费小计	元	12875	7.39
	材料费	HDPE 毛面防渗膜（2.0mm）	m^2	373.83	—
		无纺土工布（600g/m^2）	m^2	155.65	—
		无纺土工布（300g/m^2）	m^2	592.29	—
		无纺土工布（200g/m^2）	m^2	9.09	—
		HDPE 管（*DN*300）	m	2.05	—
		HDPE 管（*DN*200）	m	0.15	—
		HDPE 管（*DN*100）	m	0.44	—
		水泥 综合	kg	2611.27	—
		钢材 综合	kg	54.41	—
		标准砖	千块	0.67	—
		粗砂	t	8.81	—
		砾石	m^3	219.36	—
		沥青混凝土	m^3	2.89	—
		双向土工格栅	m^2	123.97	—
		其他材料费	元	9791	—
		措施费分摊	元	3350	—
		材料费小计	元	71847	41.26
	机械费	机械费	元	15269	—
		措施费分摊	元	193	—
		机械费小计	元	15461	8.88
	直接费小计		元	100184	57.53
综合费用			元	21149	12.14
合　计			元	121332	—

分项工程费用

单位：$10000m^3$

序号	指标编号		10Z-012	
	名 称	单位	数量	费用（元）
一			填埋区	
1	库区土石方	m^3	2509.09	26818
2	水平防渗系统	m^2	373.83	34344
3	渗沥液导排系统	项	—	15482
4	气体导排系统	项	—	2414
5	地下水导排系统	项	—	11216
6	截洪、排洪系统	m	—	435
7	调节池	m^3	—	2015
8	填埋设备	项	—	8219
9	环境监测设备	项	—	954
10	其他项目	项	—	16469
	合计		—	118365
二			管理区	
1	管理区	项	—	3302
三			总图	
1	场区土石方	m^3	1127.27	12049
2	场区道路	m^2	23.88	2932
3	场区给排水	项	—	714
4	场区电气	项	—	603
5	场区热力管道	项	—	111
6	围墙、大门	项	—	110
7	绿化	项	—	737
8	其他项目	项	—	1910
	合计		—	19167

工程特征：1. 填埋场总库容：1000万立方米以内；2. 填埋场类型：平原型；3. 日处理规模：1800t；4. 服务年限：12年；5. 填埋场防渗结构及面积：人工防渗，防渗面积23.236万平方米；6. 地下水情况:潜水位承压水；7. 管理区总建筑面积：2792.56m^2；8. 渗沥液处理规模、出水标准：150m^3/d，二级排放标准。

单位：10000m^3

指标编号			单位	10Z-013	
项目				Ⅲ类 填埋场总库容	
				1000以内	占指标基价（%）
指标基价			元	191204	100.00
一、建筑安装工程费			元	140979	73.73
二、设备购置费			元	15769	8.25
三、工程建设其他费用			元	20293	10.61
四、基本预备费			元	14163	7.41
建筑安装工程费					
直接费	人工费	人工	工日	347	—
		措施费分摊	元	359	—
		人工费小计	元	11126	5.82
	材料费	HDPE毛面防渗膜（1.5mm）	m^2	529.05	—
		无纺土工布（300g/m^2）	m^2	1058.10	—
		无纺土工布（200g/m^2）	m^2	467.69	—
		HDPE管（*DN*400）	m	3.94	—
		水泥 综合	kg	566.88	—
		钢材 综合	kg	400.63	—
		标准砖	千块	1.43	—
		粗砂	t	4.46	—
		砾石	t	356.23	—
		预拌混凝土 C25	m^3	4.49	—
		其他材料费	元	39626	—
		措施费分摊	元	3902	—
		材料费小计	元	95896	50.15
	机械费	机械费	元	9169	—
		措施费分摊	元	224	—
		机械费小计	元	9393	4.91
	直接费小计		元	116415	60.89
综合费用			元	24564	12.85
合计			元	140979	—

分项工程费用

单位：10000m³

序号	指标编号		10Z-013	
	名　称	单位	数量	费用（元）
一	填埋区			
1	库区土石方	m^3	633.67	31307
2	水平防渗系统	m^2	523.79	56408
3	渗沥液导排系统	项	—	21971
4	气体导排系统	项	—	508
5	地下水导排系统	项	—	1821
6	调节池	m^3	6.43	2702
7	填埋设备	项	—	10108
8	环境监测设备	项	—	1225
9	地下水监测井	座	0.01	77
10	提升井	项	—	408
11	其他项目	项	—	7126
	合计		—	133661
二	管理区			
1	管理区	项	—	4074
三	总图			
1	场区土石方	m^3	2.85	112
2	场区道路及广场	m^2	30.61	3673
3	场区给排水	项	—	1420
4	场区电气	项	—	2628
5	场区热力管道	项	—	733
6	围墙、大门	项	—	2348
7	绿化	项	—	5020
8	其他项目	项	—	980
	合计		—	16914
四	渗沥液处理			
1	渗沥液处理	项	—	2098

工程特征：1. 填埋场总库容：1200万立方米以内；2. 填埋场类型：山谷型；3. 日处理规模：1500t；4. 服务年限：17年；5. 填埋场防渗结构及面积：2.0mmHDPE毛面防渗膜+GCL膨润土垫复合防渗结构，防渗面积437700m²；6. 地下水情况：采用盲沟进行导排；7. 垃圾坝：土坝、长度为240m、高度为25m；8. 管理区总建筑面积：3107m²；9. 渗沥液处理规模、出水标准：一级排放标准。

单位：10000m³

指标编号				10Z-014	
项目			单位	Ⅲ类 填埋场总库容	
				1200以内	占指标基价（%）
指标基价			元	219497	100.00
一、建筑安装工程费			元	166585	75.89
二、设备购置费			元	11707	5.33
三、工程建设其他费用			元	24946	11.36
四、基本预备费			元	16259	7.41
建筑安装工程费					
直接费	人工费	人工	工日	518	—
		措施费分摊	元	418	—
		人工费小计	元	16491	7.51
	材料费	HDPE毛面防渗膜（2.0mm）	m²	364.78	—
		无纺土工布（600g/m²）	m²	591.38	—
		无纺土工布（300g/m²）	m²	258.48	—
		无纺土工布（200g/m²）	m²	50.83	—
		5000g/m²膨润土垫	m²	383.05	—
		HDPE管（*DN*350)	m	2.63	—
		HDPE管（*DN*300)	m	3.27	—
		HDPE管（*DN*250)	m	0.20	—
		HDPE管（*DN*200)	m	15.65	—
		HDPE管（*DN*100)	m	1.08	—
		水泥 综合	kg	8083.75	—
		钢材 综合	kg	456.84	—
		标准砖	千块	1.47	—
		粗砂	t	12.74	—
		砾石	m³	25.76	—
		沥青混凝土	m³	2.12	—
		双向HDPE土工格栅	m²	4.71	—
		其他材料费	元	12481	—
		措施费分摊	元	4544	—
		材料费小计	元	99628	45.39
	机械费	机械费	元	21179	—
		措施费分摊	元	261	—
		机械费小计	元	21440	9.77
	直接费小计		元	137560	62.67
综合费用			元	29025	13.22
合计			元	166585	—

分项工程费用

单位：$10000m^3$

序号	指 标 编 号	10Z-014		
	名 称	单位	数量	费用（元）
一			填埋区	
1	库区土石方	m^3	824.78	9107
2	水平防渗系统	m^2	364.75	51497
3	渗沥液导排系统	项	—	9542
4	气体导排系统	项	—	4253
5	地下水导排系统	项	—	9340
6	垃圾坝	m^3	279.17	10602
7	拦洪坝	m^3	394.17	23853
8	截污坝（堤）	m^3	4.53	500
9	截洪、排洪系统	m	4.61	16671
10	渗沥液回喷（灌）系统	项	—	131
11	调节池	m^3	—	1055
12	填埋设备	项	—	16429
13	环境监测设备	项	—	151
14	地下水监测井	座	—	2500
15	其他项目	项	—	2168
	合计		—	157798
二			管理区	
1	管理区	项	—	2554
三			总图	
1	场区土石方	m^3	388.13	4799
2	场区道路	m^2	17.50	2150
3	场区给排水	项	—	1012
4	场区电气	项	—	101
5	场区热力管道	项	—	125
6	围墙、大门	项	—	472
7	绿化	项	—	450
8	其他项目	项	—	2085
	合计		—	11194
四			渗沥液处理	
1	渗沥液处理	项	—	6746

工程特征：1. 填埋场总库容：1200万立方米以外；2. 填埋场类型：山谷型；3. 日处理规模：2300t；4. 服务年限：27年；5. 填埋场防渗结构及面积：2.0mmHDPE毛面防渗膜，防渗面积为422290m²；6. 地下水情况：采用主次盲沟方式进行导排；7. 垃圾坝长度：为碾压土石坝，长度为895.45m，最大坝高为21m；8. 管理区总建筑面积：1537m²；9. 渗沥液处理规模、出水标准：300t/d，二级排放标准。

单位：10000m³

指标编号				10Z-015	
项目			单位	Ⅳ类 填埋区总库容	
				1200以外	占指标基价（%）
指标基价			元	125386	100.00
一、建筑安装工程费			元	71873	57.32
二、设备购置费			元	29579	23.59
三、工程建设其他费用			元	14647	11.68
四、基本预备费			元	9288	7.41
建筑安装工程费					
直接费	人工费	人工	工日	278	—
		措施费分摊	元	183	—
		人工费小计	元	8809	7.03
	材料费	HDPE毛面防渗膜（2.0mm）	m²	419.28	—
		无纺土工布（500g/m²）	m²	419.28	—
		无纺土工布（150g/m²）	m²	213.28	—
		HDPE管（*DN*200）	m	2.16	—
		HDPE管（*DN*300）	m	2.41	—
		水泥 综合	kg	5011.25	—
		钢材 综合	kg	483.75	—
		标准砖	千块	1.11	—
		粗砂	m³	14.63	—
		砾石	m³	188.95	—
		沥青混凝土	m³	0.91	—
		其他材料费	元	5603	—
		措施费分摊	元	1986	—
		材料费小计	元	35499	28.31
	机械费	机械费	元	14927	—
		措施费分摊	元	114	—
		机械费小计	元	15042	12.00
	直接费小计		元	59350	47.33
综合费用			元	12523	9.99
合计			元	71873	—

分项工程费用

单位：$10000m^3$

序号	指标编号		10Z-015	
	名　称	单位	数量	费用（元）
一	填埋区			
1	库区土石方	m^3	1126	13671
2	防渗系统	m^2	405	27226
3	渗沥液导排系统	项	—	8976
4	气体导排系统	项	—	33
5	地下水导排系统	项	—	1012
6	垃圾坝（黏土坝）	m^3	164	2575
7	截污坝（堤）	m^3	59	984
8	截洪、排洪系统	m	4	1764
9	调节池	m^3	37	1120
10	填埋设备	项	—	16284
11	地下水监测井	项	—	98
12	其他项目	项	—	5983
	合计		—	79727
二	管理区			
1	管理区总建筑面积	项	—	3299
三	总图			
1	场区土石方	m^3	10	495
2	场区道路	m^2	2	948
3	场区给排水	项	—	79
4	场区电气	项	—	1533
5	场区热力管道	项	—	—
6	围墙、大门	项	—	129
7	绿化	项	—	665
8	其他项目	项	—	7261
	合计		—	11110
四	渗沥液处理			
1	渗沥液处理	项	—	7315

1.2 分项指标

1.2.1 填埋区分项指标

1.2.1.1 土石方

工程内容：机挖土石方、1km运输。

单位：m^3

指标编号				10F-001	
项目			单位	机挖土石方	占指标基价（%）
指标基价			元	9.43	100.00
一、建筑安装工程费			元	9.43	100.00
二、设备购置费			元	—	—
建筑安装工程费					
直接费	人工费	人工	工日	0.02	—
		措施费分摊	元	0.04	—
		人工费小计	元	0.78	8.27
	材料费	其他材料费	元	—	—
		措施费分摊	元	0.38	—
		材料费小计	元	0.38	4.06
	机械费	机械费	元	6.59	—
		措施费分摊	元	0.02	—
		机械费小计	元	6.61	70.11
	直接费小计		元	7.77	82.44
综合费用			元	1.66	17.56
合计			元	9.43	100.00

工程内容：运土方每增 1km。

单位：m^3

指标编号				10F-002	
项目			单位	运土方每增 1km	占指标基价（%）
指标基价			元	1.13	100.00
一、建筑安装工程费			元	1.13	100.00
二、设备购置费			元	—	—
建筑安装工程费					
直接费	人工费	人工	工日	—	—
		措施费分摊	元	—	—
		人工费小计	元	—	—
	材料费	其他材料费	元	—	—
		措施费分摊	元	0.05	—
		材料费小计	元	0.05	4.06
	机械费	机械费	元	0.88	—
		措施费分摊	元	—	—
		机械费小计	元	0.88	78.01
	直接费小计		元	0.93	82.07
综合费用			元	0.20	17.56
合计			元	1.13	100.00

工程内容：爆破石方。

单位：m^3

指标编号				10F-003	
项目			单位	爆破石方	占指标基价（%）
指标基价			元	29.55	100.00
一、建筑安装工程费			元	29.55	100.00
二、设备购置费			元	—	—
建筑安装工程费					
直接费	人工费	人工	工日	0.19	—
		措施费分摊	元	0.11	—
		人工费小计	元	6.10	20.64
	材料费	其他材料费	元	—	—
		措施费分摊	元	1.20	—
		材料费小计	元	6.13	20.75
	机械费	机械费	元	12.06	—
		措施费分摊	元	0.07	—
		机械费小计	元	12.13	41.05
	直接费小计		元	24.36	82.44
综合费用			元	5.19	17.56
合计			元	29.55	100.00

工程内容：挖松碎石方、5km运输。

单位：m^3

		指标编号		10F-004	
项目			单位	挖松碎石方	占指标基价（%）
指标基价			元	30.45	100.00
一、建筑安装工程费			元	30.45	100.00
二、设备购置费			元	—	—
建筑安装工程费					
直接费	人工费	人工	工日	0.06	—
		措施费分摊	元	0.11	—
		人工费小计	元	2.10	6.89
	材料费	其他材料费	元	—	—
		措施费分摊	元	1.24	—
		材料费小计	元	1.24	4.06
	机械费	机械费	元	21.70	—
		措施费分摊	元	0.07	—
		机械费小计	元	21.77	71.49
	直接费小计		元	25.11	82.44
综合费用			元	5.35	17.56
合计			元	30.45	100.00

工程内容：土方回填。

单位：m^3

指标编号				10F-005	
项目			单位	土方回填	占指标基价（%）
指标基价			元	11.34	100.00
一、建筑安装工程费			元	11.34	100.00
二、设备购置费			元	—	—
建筑安装工程费					
直接费	人工费	人工	工日	0.26	—
		措施费分摊	元	0.04	—
		人工费小计	元	8.11	71.53
	材料费	其他材料费	元	—	—
		措施费分摊	元	0.46	—
		材料费小计	元	0.46	4.06
	机械费	机械费	元	0.75	—
		措施费分摊	元	0.03	—
		机械费小计	元	0.78	6.85
	直接费小计		元	9.35	82.44
综合费用			元	1.99	17.56
合计			元	11.34	100.00

1.2.1.2 垃 圾 坝

工程内容：挖土方、运输 10km，土坝堆砌。

单位：m^3

指标编号				10F-006	
项目			单位	土坝	占指标基价（%）
指标基价			元	36.17	100.00
一、建筑安装工程费			元	36.17	100.00
二、设备购置费			元	—	—
建筑安装工程费					
直接费	人工费	人工	工日	0.31	—
		措施费分摊	元	0.14	—
		人工费小计	元	9.88	27.31
	材料费	其他材料费	元	—	—
		措施费分摊	元	1.47	—
		材料费小计	元	1.47	4.06
	机械费	机械费	元	18.39	—
		措施费分摊	元	0.08	—
		机械费小计	元	18.47	51.07
	直接费小计		元	29.82	82.44
综合费用			元	6.35	17.56
合　计			元	36.17	100.00

工程内容：浆砌块石坝。

单位：m^3

指标编号				10F-007	
项目			单位	浆砌块石坝	占指标基价（%）
指标基价			元	278.64	100.00
一、建筑安装工程费			元	278.64	100.00
二、设备购置费			元	—	—
建筑安装工程费					
直接费	人工费	人工	工日	1.39	—
		措施费分摊	元	1.04	—
		人工费小计	元	44.10	15.83
	材料费	块石	m^3	1.34	—
		其他材料费	元	—	—
		措施费分摊	元	11.31	—
		材料费小计	元	141.75	50.87
	机械费	机械费	元	43.21	—
		措施费分摊	元	0.65	—
		机械费小计	元	43.86	15.74
	直接费小计		元	229.71	82.44
综合费用			元	48.93	17.56
合计			元	278.64	100.00

工程内容：干砌块石坝。

单位：m^3

指标编号				10F-008	
项目			单位	干砌块石坝	占指标基价（%）
指标基价			元	193.12	100.00
一、建筑安装工程费			元	193.12	100.00
二、设备购置费			元	—	
建筑安装工程费					
直接费	人工费	人工	工日	1.34	—
		措施费分摊	元	0.72	—
		人工费小计	元	42.30	21.90
	材料费	块石	m^3	1.33	—
		其他材料费	元	—	—
		措施费分摊	元	7.84	—
		材料费小计	元	73.46	38.04
	机械费	机械费	元	43.00	—
		措施费分摊	元	0.45	—
		机械费小计	元	43.45	22.50
	直接费小计		元	159.21	82.44
综合费用			元	33.91	17.56
合计			元	193.12	100.00

工程内容：混凝土坝浇筑。

单位：m^3

指标编号				10F-009	
项目			单位	混凝土坝	占指标基价（%）
指标基价			元	397.27	100.00
一、建筑安装工程费			元	397.27	100.00
二、设备购置费			元	—	—
建筑安装工程费					
直接费	人工费	人工	工日	0.49	—
		措施费分摊	元	1.48	—
		人工费小计	元	16.58	4.17
	材料费	C20普通混凝土	m^3	0.95	—
		其他材料费	元	—	—
		措施费分摊	元	16.13	—
		材料费小计	元	305.26	76.84
	机械费	机械费	元	4.74	—
		措施费分摊	元	0.93	—
		机械费小计	元	5.67	1.43
	直接费小计		元	327.51	82.44
综合费用			元	69.76	17.56
合计			元	397.27	100.00

1.2.1.3 防渗系统

工程内容：铺设卵（碎）石；摊铺土工布、HDPE 膜、GCL 防水毯；铺设压实土保护层。

单位：m^2

指标编号				10F-010	
项目			单位	库底防渗(复合衬层结构)	占指标基价（%）
指标基价			元	250.83	100.00
一、建筑安装工程费			元	250.83	100.00
二、设备购置费			元	—	—
建筑安装工程费					
直接费	人工费	人工	工日	0.60	—
		措施费分摊	元	0.94	—
		人工费小计	元	19.49	7.77
	材料费	无纺土工布（$500g/m^2$）	m^2	1.10	—
		HDPE 毛面防渗膜 2.0	m^2	1.15	—
		$4800g/m^2$ 膨润土垫	m^2	1.15	—
		无纺土工布（$300g/m^2$）	m^2	1.10	—
		300mm 厚碎石	m^2	2.10	—
		其他材料费	元	—	—
		措施费分摊	元	10.18	—
		材料费小计	元	176.98	70.56
	机械费	机械费	元	9.73	—
		措施费分摊	元	0.59	—
		机械费小计	元	10.31	4.11
	直接费小计		元	206.78	82.44
综合费用			元	44.04	17.56
合计			元	250.83	100.00

工程内容：铺设卵（碎）石；摊铺土工布、HDPE膜；铺设压实土保护层。

单位：m^2

指标编号				10F-011	
项目			单位	库底防渗(单衬层结构)	占指标基价（%）
指标基价			元	208.09	100.00
一、建筑安装工程费			元	208.09	100.00
二、设备购置费			元	—	—
建筑安装工程费					
直接费	人工费	人工	工日	0.52	—
		措施费分摊	元	0.78	—
		人工费小计	元	17.00	8.17
	材料费	无纺土工布（500g/m^2）	m^2	1.10	—
		HDPE毛面防渗膜2.0	m^2	1.15	—
		无纺土工布（300g/m^2）	m^2	1.10	—
		300mm厚碎石	m^2	2.10	—
		其他材料费	元	—	—
		措施费分摊	元	8.45	—
		材料费小计	元	146.49	70.40
	机械费	机械费	元	7.57	—
		措施费分摊	元	0.49	—
		机械费小计	元	8.06	3.87
	直接费小计		元	171.55	82.44
综合费用			元	36.54	17.56
合计			元	208.09	100.00

工程内容：铺设卵（碎）石；摊铺土工布、HDPE膜、摊铺土工布；铺设卵石或碎石。

单位：m^2

指标编号				10F-012	
项目			单位	库底防渗（双衬层结构）	占指标基价（%）
指标基价			元	359.47	100.00
一、建筑安装工程费			元	359.47	100.00
二、设备购置费			元	—	—
建筑安装工程费					
直接费	人工费	人工	工日	0.87	—
		措施费分摊	元	1.34	—
		人工费小计	元	28.32	7.88
	材料费	无纺土工布（500g/m^2）	m^2	3.30	—
		HDPE 毛面防渗膜 2.0	m^2	1.15	—
		HDPE 毛面防渗膜 1.5	m^2	1.15	—
		无纺土工布（300g/m^2）	m^2	1.10	—
		300mm 厚碎石	m^2	3.15	—
		其他材料费	元	—	—
		措施费分摊	元	14.59	—
		材料费小计	元	252.70	70.30
	机械费	机械费	元	14.49	—
		措施费分摊	元	0.84	—
		机械费小计	元	15.33	4.26
	直接费小计		元	296.35	82.44
综合费用			元	63.12	17.56
合　计			元	359.47	100.00

工程内容：袋装土保护层；摊铺土工布、HDPE 膜、GCL 防水毯。

单位：m^2

指标编号				10F-013	
项目			单位	边坡防渗（复合衬层结构）	占指标基价（%）
指标基价			元	243.09	100.00
一、建筑安装工程费			元	243.09	100.00
二、设备购置费			元	—	—
建筑安装工程费					
直接费	人工费	人工	工日	0.98	—
		措施费分摊	元	0.91	—
		人工费小计	元	31.43	12.93
	材料费	无纺土工布（500g/m^2）	m^2	1.10	—
		HDPE 毛面防渗膜 2.0	m^2	1.15	—
		4800g/m^2 膨润土垫	m^2	1.15	—
		无纺土工布（600g/m^2）	m^2	1.10	—
		其他材料费	元	14.30	—
		措施费分摊	元	9.87	—
		材料费小计	元	137.92	56.74
	机械费	机械费	元	30.48	—
		措施费分摊	元	0.57	—
		机械费小计	元	31.05	12.77
	直接费小计		元	200.41	82.44
综合费用			元	42.69	17.56
合　计			元	243.09	100.00

工程内容：袋装土保护层；摊铺土工布、HDPE膜。

单位：m^2

指标编号				10F-014	
项目			单位	边坡防渗（单衬层结构）	占指标基价（%）
指标基价			元	198.20	100.00
一、建筑安装工程费			元	198.20	100.00
二、设备购置费			元	—	—
建筑安装工程费					
直接费	人工费	人工	工日	0.86	—
		措施费分摊	元	0.74	—
		人工费小计	元	27.41	13.83
	材料费	无纺土工布（500g/m^2）	m^2	1.10	—
		HDPE毛面防渗膜2.0	m^2	1.15	—
		无纺土工布（600g/m^2）	m^2	1.10	—
		其他材料费	元	14.30	—
		措施费分摊	元	8.05	—
		材料费小计	元	107.35	54.16
	机械费	机械费	元	28.17	—
		措施费分摊	元	0.46	—
		机械费小计	元	28.63	14.45
	直接费小计		元	163.40	82.44
综合费用			元	34.80	17.56
合计			元	198.20	100.00

1.2.1.4 渗沥液收集、排出系统

工程内容：HDPE 盲沟花管安装，花管周围碎石摊铺及土工布包裹。

单位：m

指标编号				10F-015	
项目			单位	DN200HDPE 盲沟花管	占指标基价（%）
指标基价			元	244.46	100.00
一、建筑安装工程费			元	244.46	100.00
二、设备购置费			元	—	—
建筑安装工程费					
直接费	人工费	人工	工日	0.50	—
		措施费分摊	元	0.91	—
		人工费小计	元	16.55	6.77
	材料费	DN200HDPE 花管	m	1.02	—
		无纺土工布（250g/m^2）	m^2	1.24	—
		碎石	m^3	0.11	—
		其他材料费	元	—	—
		措施费分摊	元	9.92	—
		材料费小计	元	175.33	71.72
	机械费	机械费	元	9.08	—
		措施费分摊	元	0.57	—
		机械费小计	元	9.65	3.95
	直接费小计		元	201.53	82.44
综合费用			元	42.93	17.56
合计			元	244.46	100.00

工程内容：HDPE 盲沟花管安装，花管周围碎石摊铺及土工布包裹。

单位：m

指标编号				10F-016	
项目			单位	*DN*250HDPE 盲沟花管	占指标基价（%）
指标基价			元	350.48	100.00
一、建筑安装工程费			元	350.48	100.00
二、设备购置费			元	—	—
建筑安装工程费					
直接费	人工费	人工	工日	0.60	—
		措施费分摊	元	1.31	—
		人工费小计	元	19.82	5.65
	材料费	*DN*250HDPE 花管	m	1.02	—
		无纺土工布（250g/m²）	m²	1.41	—
		碎石	m³	0.13	—
		其他材料费	元	—	—
		措施费分摊	元	14.23	—
		材料费小计	元	258.87	73.86
	机械费	机械费	元	9.44	—
		措施费分摊	元	0.82	—
		机械费小计	元	10.25	2.93
	直接费小计		元	288.94	82.44
综合费用			元	61.54	17.56
合计			元	350.48	100.00

工程内容：HDPE 盲沟花管安装，花管周围碎石摊铺及土工布包裹。

单位：m

指标编号				10F-017	
项　　目			单位	*DN*315HDPE 盲沟花管	占指标基价（%）
指标基价			元	521.72	100.00
一、建筑安装工程费			元	521.72	100.00
二、设备购置费			元	—	—
建筑安装工程费					
直接费	人工费	人工	工日	0.69	—
		措施费分摊	元	1.95	—
		人工费小计	元	23.47	4.50
	材料费	*DN*315HDPE 花管	m	1.02	—
		无纺土工布（$250g/m^2$）	m^2	1.64	—
		碎石	m^3	0.16	—
		其他材料费	元	—	—
		措施费分摊	元	21.18	—
		材料费小计	元	395.57	75.82
	机械费	机械费	元	9.85	—
		措施费分摊	元	1.22	—
		机械费小计	元	11.06	2.12
	直接费小计		元	430.11	82.44
综合费用			元	91.61	17.56
合　计			元	521.72	100.00

工程内容：盲沟花管安装，花管周围碎石摊铺及土工布包裹。

单位：m

指标编号				10F-018	
项目			单位	*DN*355HDPE 盲沟花管	占指标基价（%）
指标基价			元	655.87	100.00
一、建筑安装工程费			元	655.87	100.00
二、设备购置费			元	—	—
建筑安装工程费					
直接费	人工费	人工	工日	0.79	—
		措施费分摊	元	2.45	—
		人工费小计	元	27.02	4.12
	材料费	*DN*355HDPE 花管	m	1.02	—
		无纺土工布（250g/m^2）	m^2	1.78	—
		碎石	m^3	0.18	—
		其他材料费	元	—	—
		措施费分摊	元	26.63	—
		材料费小计	元	495.56	75.56
	机械费	机械费	元	16.60	—
		措施费分摊	元	1.53	—
		机械费小计	元	18.13	2.76
	直接费小计		元	540.70	82.44
综合费用			元	115.17	17.56
合计			元	655.87	100.00

工程内容：HDPE 管道安装，管道周围碎石摊铺。

单位：m

指标编号				10F-019	
项目			单位	*DN*200HDPE 无孔管	占指标基价（%）
指标基价			元	218.90	100.00
一、建筑安装工程费			元	218.90	100.00
二、设备购置费			元	—	—
建筑安装工程费					
直接费	人工费	人工	工日	0.16	—
		措施费分摊	元	0.82	—
		人工费小计	元	5.66	2.58
	材料费	*DN*200HDPE 管	m	1.02	—
		碎石	m^3	0.11	—
		其他材料费	元	—	—
		措施费分摊	元	8.89	—
		材料费小计	元	157.70	72.04
	机械费	机械费	元	16.59	—
		措施费分摊	元	0.51	—
		机械费小计	元	17.10	7.81
	直接费小计		元	180.46	82.44
综合费用			元	38.44	17.56
合计			元	218.90	100.00

工程内容：HDPE管道安装，管道周围碎石摊铺。

单位：m

指标编号				10F-020	
项目			单位	*DN*250HDPE无孔管	占指标基价（%）
指标基价			元	326.46	100.00
一、建筑安装工程费			元	326.46	100.00
二、设备购置费			元	—	—
建筑安装工程费					
直接费	人工费	人工	工日	0.15	—
		措施费分摊	元	1.22	—
		人工费小计	元	5.80	1.78
	材料费	*DN*250HDPE管	m	1.02	—
		碎石	m^3	0.13	—
		其他材料费	元	—	—
		措施费分摊	元	13.25	—
		材料费小计	元	241.52	73.98
	机械费	机械费	元	21.05	—
		措施费分摊	元	0.76	—
		机械费小计	元	21.81	6.68
	直接费小计		元	269.13	82.44
综合费用			元	57.33	17.56
合计			元	326.46	100.00

工程内容：HDPE 管道安装，管道周围碎石摊铺。

单位：m

指标编号				10F-021	
项目			单位	*DN*315HDPE 无孔管	占指标基价（%）
指标基价			元	499.84	100.00
一、建筑安装工程费			元	499.84	100.00
二、设备购置费			元	—	—
建筑安装工程费					
直接费	人工费	人工	工日	0.14	—
		措施费分摊	元	1.87	—
		人工费小计	元	6.26	1.25
	材料费	*DN*300HDPE 管	m	1.02	—
		碎石	m^3	0.16	—
		其他材料费	元	—	—
		措施费分摊	元	20.29	—
		材料费小计	元	379.14	75.85
	机械费	机械费	元	25.50	—
		措施费分摊	元	1.17	—
		机械费小计	元	26.67	5.33
	直接费小计		元	412.07	82.44
综合费用			元	87.77	17.56
合　计			元	499.84	100.00

工程内容：HDPE管道安装，管道周围碎石摊铺。

单位：m

指标编号				10F-022	
项目			单位	*DN*355HDPE无孔管	占指标基价（%）
指标基价			元	632.91	100.00
一、建筑安装工程费			元	632.91	100.00
二、设备购置费			元	—	—
建筑安装工程费					
直接费	人工费	人工	工日	0.16	—
		措施费分摊	元	2.36	—
		人工费小计	元	7.38	1.17
	材料费	*DN*350HDPE管	m	1.02	—
		碎石	m^3	0.18	—
		其他材料费	元	—	—
		措施费分摊	元	25.69	—
		材料费小计	元	479.88	75.82
	机械费	机械费	元	33.03	—
		措施费分摊	元	1.48	—
		机械费小计	元	34.51	5.45
	直接费小计		元	521.77	82.44
综合费用			元	111.14	17.56
合计			元	632.91	100.00

1.2.1.5 填埋气体导排

工程内容：花管安装、花管缠绕土工布、直径1m导气钢筋笼制作安装、导气石笼内摊铺石料。

单位：m

指标编号				10F-023	
项目			单位	ϕ150HDPE竖井管	占指标基价（%）
指标基价			元	856.33	100.00
一、建筑安装工程费			元	856.33	100.00
二、设备购置费			元	—	—
建筑安装工程费					
直接费	人工费	人工	工日	2.17	—
		措施费分摊	元	3.20	—
		人工费小计	元	70.44	8.23
	材料费	钢筋笼	t	0.11	—
		*DN*150HDPE花管	m	1.02	—
		无纺土工布(150g/m^2)	m^2	0.52	—
		碎石	m^3	0.77	—
		其他材料费	元	—	—
		措施费分摊	元	34.77	—
		材料费小计	元	575.08	67.16
	机械费	机械费	元	58.44	—
		措施费分摊	元	2.00	—
		机械费小计	元	60.44	7.06
	直接费小计		元	705.96	82.44
综合费用			元	150.37	17.56
合计			元	856.33	100.00

工程内容：花管安装、花管缠绕土工布、直径1m导气钢筋笼制作安装、导气石笼内摊铺石料。

单位：m

指标编号				10F-024	
项目			单位	ϕ200HDPE竖井管	占指标基价（%）
指标基价			元	908.59	100.00
一、建筑安装工程费			元	82344.00	100.00
二、设备购置费			元	—	
建筑安装工程费					
直接费	人工费	人工	工日	2.17	—
		措施费分摊	元	3.39	—
		人工费小计	元	70.60	7.77
	材料费	钢筋笼	t	0.11	—
		*DN*200HDPE花管	m	1.02	—
		无纺土工布(150g/m^2)	m^2	0.69	—
		碎石	m^3	0.75	—
		其他材料费	元	—	—
		措施费分摊	元	36.89	—
		材料费小计	元	617.73	67.99
	机械费	机械费	元	58.44	—
		措施费分摊	元	2.12	—
		机械费小计	元	60.72	6.68
	直接费小计		元	749.04	82.44
综合费用			元	159.55	17.56
合计			元	908.59	100.00

工程内容：花管安装、花管缠绕土工布、直径1m导气钢筋笼制作安装、导气石笼内摊铺石料。

单位：m

指标编号				10F-025	
项目			单位	ϕ250HDPE竖井管	占指标基价（%）
指标基价			元	991.36	100.00
一、建筑安装工程费			元	991.36	100.00
二、设备购置费			元	—	—
建筑安装工程费					
直接费	人工费	人工	工日	2.24	—
		措施费分摊	元	3.70	—
		人工费小计	元	73.23	7.39
	材料费	钢筋笼	t	0.11	—
		*DN*250HDPE花管	m	1.02	—
		无纺土工布($150g/m^2$)	m^2	0.86	—
		碎石	m^3	0.74	—
		其他材料费	元	—	—
		措施费分摊	元	40.25	—
		材料费小计	元	682.80	68.88
	机械费	机械费	元	58.44	—
		措施费分摊	元	2.31	—
		机械费小计	元	61.25	6.18
	直接费小计		元	817.28	82.44
综合费用			元	174.08	17.56
合计			元	991.36	100.00

1.2.1.6 场区道路、马道

工程内容：场地平整、挖运土、垫层、面层、路基碾压。

单位：m^2

指标编号				10F-026	
项目			单位	泥结碎石路面	占指标基价（%）
指标基价			元	69.06	100.00
一、建筑安装工程费			元	69.06	100.00
二、设备购置费			元	—	—
建筑安装工程费					
直接费	人工费	人工	工日	0.25	—
		措施费分摊	元	0.26	—
		人工费小计	元	8.01	11.59
	材料费	碎石	m^3	0.22	—
		其他材料费	元	9.18	—
		措施费分摊	元	2.83	—
		材料费小计	元	41.61	60.26
	机械费	机械费	元	7.15	—
		措施费分摊	元	0.16	—
		机械费小计	元	7.31	10.59
	直接费小计		元	56.93	82.44
综合费用			元	12.13	17.56
合计			元	69.06	100.00

工程内容：场地平整、挖运土、垫层、模板、面层、路基碾压。

单位：m^2

指标编号				10F-027	
项目			单位	混凝土结构路面（12cm）	占指标基价（%）
指标基价			元	89.37	100.00
一、建筑安装工程费			元	89.37	100.00
二、设备购置费			元	—	—
建筑安装工程费					
直接费	人工费	人工	工日	0.27	—
		措施费分摊	元	0.33	—
		人工费小计	元	8.65	9.68
	材料费	C25普通混凝土	m^3	0.12	—
		碎石	m^3	0.33	—
		其他材料费	元	1.38	—
		措施费分摊	元	3.63	—
		材料费小计	元	53.68	60.06
	机械费	机械费	元	11.14	—
		措施费分摊	元	0.21	—
		机械费小计	元	11.35	12.70
	直接费小计		元	73.68	82.44
综合费用			元	15.69	17.56
合计			元	89.37	100.00

工程内容：场地平整、挖运土、垫层、面层、路基碾压。

单位：m^2

指标编号				10F-028	
项目			单位	马道	占指标基价（%）
指标基价			元	63.20	100.00
一、建筑安装工程费			元	63.20	100.00
二、设备购置费			元	—	—
建筑安装工程费					
直接费	人工费	人工	工日	0.25	—
		措施费分摊	元	0.24	—
		人工费小计	元	7.98	12.63
	材料费	厂拌沥青石屑	t	0.07	—
		碎石	m^3	0.22	—
		其他材料费	元	6.05	—
		措施费分摊	元	2.61	—
		材料费小计	元	36.82	58.26
	机械费	机械费	元	7.15	—
		措施费分摊	元	0.15	—
		机械费小计	元	7.30	11.55
	直接费小计		元	52.10	82.44
综合费用			元	11.10	17.56
合计			元	63.20	100.00

1.2.1.7 截洪沟、排洪沟

工程内容：挖运土、石料砌筑。

单位：m

指标编号				10F-029	
项目			单位	截洪沟 过水断面 1m(宽)×1.5m(高)	占指标基价（%）
指标基价			元	567.67	100.00
一、建筑安装工程费			元	567.67	100.00
二、设备购置费			元	—	—
建筑安装工程费					
直接费	人工费	人工	工日	2.55	—
		措施费分摊	元	2.12	—
		人工费小计	元	81.17	14.30
	材料费	块石、片石	m^3	1.85	—
		C20 普通混凝土	m^3	0.51	—
		其他材料费	元	—	—
		措施费分摊	元	23.05	—
		材料费小计	元	291.08	51.28
	机械费	机械费	元	94.41	—
		措施费分摊	元	1.32	—
		机械费小计	元	95.73	16.86
	直接费小计		元	467.99	82.44
综合费用			元	99.68	17.56
合　计			元	567.67	100.00

工程内容：挖运土、石料砌筑。

单位：m

指标编号				10F-030	
项目			单位	排洪沟 过水断面 2m(宽)×1.5m(高)	占指标基价(%)
指标基价			元	702.15	100.00
一、建筑安装工程费			元	702.15	100.00
二、设备购置费			元	—	—
建筑安装工程费					
直接费	人工费	人工	工日	3.13	—
		措施费分摊	元	2.62	—
		人工费小计	元	99.73	14.20
	材料费	块石、片石	m^3	2.25	—
		C20 普通混凝土	m^3	0.62	—
		其他材料费	元	—	—
		措施费分摊	元	28.51	—
		材料费小计	元	354.81	50.53
	机械费	机械费	元	122.67	—
		措施费分摊	元	1.64	—
		机械费小计	元	124.31	17.70
	直接费小计		元	578.85	82.44
综合费用			元	123.30	17.56
合　计			元	702.15	100.00

1.2.1.8 地下水导排

工程内容：铺设花管、包裹土工布、沟内铺碎石。

单位：m

指标编号				10F-T031	
项目			单位	*DN*300HDPE 穿孔花管	占指标基价（%）
指标基价			元	509.16	100.00
一、建筑安装工程费			元	509.16	100.00
二、设备购置费			元	—	—
建筑安装工程费					
直接费	人工费	人工	工日	0.66	—
		措施费分摊	元	1.90	—
		人工费小计	元	22.45	4.41
	材料费	*DN*300HDPE 花管	m	1.02	—
		无纺土工布(250g/m^2)	m^2	1.24	—
		碎石	m^3	0.08	—
		其他材料费	元	—	—
		措施费分摊	元	20.67	—
		材料费小计	元	386.52	75.91
	机械费	机械费	元	9.60	—
		措施费分摊	元	1.19	—
		机械费小计	元	10.79	2.12
	直接费小计		元	419.75	82.44
综合费用			元	89.41	17.56
合　计			元	509.16	100.00

工程内容：铺设花管、包裹土工布、沟内铺碎石。

单位：m

指标编号				10F-032	
项目			单位	*DN*400HDPE穿孔花管	占指标基价（%）
指标基价			元	821.86	100.00
一、建筑安装工程费			元	821.86	100.00
二、设备购置费			元	—	
建筑安装工程费					
直接费	人工费	人工	工日	0.86	—
		措施费分摊	元	3.07	—
		人工费小计	元	29.83	3.63
	材料费	*DN*400HDPE花管	m	1.02	—
		无纺土工布(250g/m^2)	m^2	1.59	—
		碎石	m^3	0.12	—
		其他材料费	元	—	—
		措施费分摊	元	33.37	—
		材料费小计	元	627.19	76.31
	机械费	机械费	元	18.61	—
		措施费分摊	元	1.92	—
		机械费小计	元	20.53	2.50
	直接费小计		元	677.54	82.44
综合费用			元	144.32	17.56
合计			元	821.86	100.00

工程内容：铺设花管、包裹土工布、沟内铺碎石。

单位：m

指 标 编 号				10F-033	
项 目			单位	*DN*600HDPE 穿孔花管	占指标基价（%）
指 标 基 价			元	1946.12	100.00
一、建筑安装工程费			元	1946.12	100.00
二、设备购置费			元	—	—
建筑安装工程费					
直接费	人工费	人工	工日	1.30	—
		措施费分摊	元	7.27	—
		人工费小计	元	47.59	2.45
	材料费	*DN*600HDPE 花管	m	1.02	—
		无纺土工布(250g/m^2)	m^2	2.28	—
		碎石	m^3	0.22	—
		其他材料费	元	—	—
		措施费分摊	元	79.01	—
		材料费小计	元	1524.43	78.33
	机械费	机械费	元	27.82	—
		措施费分摊	元	4.54	—
		机械费小计	元	32.36	1.66
	直接费小计		元	1604.38	82.44
综合费用			元	341.73	17.56
合 计			元	1946.12	100.00

工程内容：铺设花管、包裹土工布、沟内铺碎石。

单位：m

指标编号				10F-034	
项目			单位	*DN*800HDPE穿孔花管	占指标基价（%）
指标基价			元	3105.09	100.00
一、建筑安装工程费			元	3105.09	100.00
二、设备购置费			元	—	—
建筑安装工程费					
直接费	人工费	人工	工日	1.74	—
		措施费分摊	元	11.59	—
		人工费小计	元	65.72	2.12
	材料费	*DN*800HDPE花管	m	1.02	—
		无纺土工布（250g/m^2）	m^2	2.97	—
		碎石	m^3	0.35	—
		其他材料费	元	—	—
		措施费分摊	元	126.06	—
		材料费小计	元	2449.83	78.90
	机械费	机械费	元	37.04	—
		措施费分摊	元	7.24	—
		机械费小计	元	44.29	1.43
	直接费小计		元	2559.84	82.44
综合费用			元	545.25	17.56
合计			元	3105.09	100.00

工程内容：HDPE无孔管铺设、沟内铺碎石。

单位：m

指标编号				10F-035	
项目			单位	*DN*300HDPE无孔管	占指标基价（%）
指标基价			元	489.23	100.00
一、建筑安装工程费			元	489.23	100.00
二、设备购置费			元	—	—
建筑安装工程费					
直接费	人工费	人工	工日	0.12	—
		措施费分摊	元	1.83	—
		人工费小计	元	5.54	1.13
	材料费	*DN*300HDPE管	m	1.02	—
		碎石	m^3	0.08	—
		其他材料费	元	—	—
		措施费分摊	元	19.86	—
		材料费小计	元	371.17	75.87
	机械费	机械费	元	25.48	—
		措施费分摊	元	1.14	—
		机械费小计	元	26.62	5.44
	直接费小计		元	403.33	82.44
综合费用			元	85.91	17.56
合计			元	489.23	100.00

工程内容：HDPE 无孔管铺设、沟内铺碎石。

单位：m

指标编号				10F-036	
项目			单位	*DN*400HDPE 无孔管	占指标基价（%）
指标基价			元	780.32	100.00
一、建筑安装工程费			元	780.32	100.00
二、设备购置费			元	—	—
建筑安装工程费					
直接费	人工费	人工	工日	0.16	—
		措施费分摊	元	2.91	—
		人工费小计	元	7.86	1.01
	材料费	*DN*400HDPE 管	m	1.02	—
		碎石	m^3	0.12	—
		其他材料费	元	—	—
		措施费分摊	元	31.68	—
		材料费小计	元	596.41	76.43
	机械费	机械费	元	37.20	—
		措施费分摊	元	1.82	—
		机械费小计	元	39.02	5.00
	直接费小计		元	643.30	82.44
综合费用			元	137.02	17.56
合　计			元	780.32	100.00

工程内容：HDPE 无孔管铺设、沟内铺碎石。

单位：m

指标编号				10F-037	
项目			单位	*DN*600HDPE 无孔管	占指标基价（%）
指标基价			元	1851.27	100.00
一、建筑安装工程费			元	1851.27	100.00
二、设备购置费			元	—	—
建筑安装工程费					
直接费	人工费	人工	工日	0.25	—
		措施费分摊	元	6.91	—
		人工费小计	元	14.69	0.79
	材料费	*DN*600HDPE 管	m	1.02	—
		碎石	m^3	0.22	—
		其他材料费	元	—	—
		措施费分摊	元	75.16	—
		材料费小计	元	1451.37	78.40
	机械费	机械费	元	55.82	—
		措施费分摊	元	4.32	—
		机械费小计	元	60.13	3.25
	直接费小计		元	1526.19	82.44
综合费用			元	325.08	17.56
合计			元	1851.27	100.00

工程内容：HDPE无孔管铺设、沟内铺碎石。

单位：m

指标编号				10F-038	
项目			单位	*DN*800HDPE无孔管	占指标基价（%）
指标基价			元	2958.24	100.00
一、建筑安装工程费			元	2958.24	100.00
二、设备购置费			元	—	—
建筑安装工程费					
直接费	人工费	人工	工日	0.35	—
		措施费分摊	元	11.04	—
		人工费小计	元	21.89	0.74
	材料费	*DN*800HDPE管	m	1.02	—
		碎石	m^3	0.35	—
		其他材料费	元	—	—
		措施费分摊	元	120.10	—
		材料费小计	元	2335.56	78.95
	机械费	机械费	元	74.43	—
		措施费分摊	元	6.90	—
		机械费小计	元	81.33	2.75
	直接费小计		元	2438.78	82.44
综合费用			元	519.46	17.56
合计			元	2958.24	100.00

1.2.1.9 挡墙护坡

工程内容：挖运土、石料砌筑、料石压顶。

单位：m^3

指标编号				10F-039	
项目			单位	浆砌块、片石挡墙	占指标基价（%）
指标基价			元	419.60	100.00
一、建筑安装工程费			元	419.60	100.00
二、设备购置费			元	—	—
建筑安装工程费					
直接费	人工费	人工	工日	1.72	—
		措施费分摊	元	1.57	—
		人工费小计	元	54.98	13.10
	材料费	块石、片石	m^3	1.34	—
		压顶料石	m^3	0.08	—
		其他材料费	元	80.00	—
		措施费分摊	元	17.03	—
		材料费小计	元	242.05	57.69
	机械费	机械费	元	47.91	—
		措施费分摊	元	0.98	—
		机械费小计	元	48.89	11.65
	直接费小计		元	345.92	82.44
综合费用			元	73.68	17.56
合计			元	419.60	100.00

工程内容：挖运土、砌空心混凝土块、混凝土压顶。

单位：m^3

指标编号				10F-040	
项目			单位	混凝土空心砌块	占指标基价（%）
指标基价			元	676.64	100.00
一、建筑安装工程费			元	676.64	100.00
二、设备购置费			元	—	—
建筑安装工程费					
直接费	人工费	人工	工日	2.91	—
		措施费分摊	元	2.53	—
		人工费小计	元	92.70	13.70
	材料费	混凝土空心砌块	m^3	1.01	—
		小型构件	m^3	0.08	—
		其他材料费	元	119.64	—
		措施费分摊	元	27.47	—
		材料费小计	元	451.30	66.70
	机械费	机械费	元	12.25	—
		措施费分摊	元	1.58	—
		机械费小计	元	13.83	2.04
	直接费小计		元	557.83	82.44
综合费用			元	118.82	17.56
合计			元	676.64	100.00

工程内容：挖运土、砌实心混凝土块、混凝土压顶。

单位：m^3

指标编号				10F-041	
项目			单位	混凝土实心砌块	占指标基价（%）
指标基价			元	1339.84	100.00
一、建筑安装工程费			元	1339.84	100.00
二、设备购置费			元	—	—
建筑安装工程费					
直接费	人工费	人工	工日	2.81	—
		措施费分摊	元	5.00	—
		人工费小计	元	92.35	6.89
	材料费	混凝土实心砌块	m^3	0.92	—
		小型构件	m^3	0.08	—
		其他材料费	元	33.49	—
		措施费分摊	元	54.39	—
		材料费小计	元	988.63	73.79
	机械费	机械费	元	20.46	—
		措施费分摊	元	3.13	—
		机械费小计	元	23.59	1.76
	直接费小计		元	1104.57	82.44
综合费用			元	235.27	17.56
合计			元	1339.84	100.00

1.2.2 管理区分项指标

1.2.2.1 地 磅 房

工程特征：矩形地磅房，建筑面积60m²，檐高3.6m，现浇钢筋混凝土框架结构，钢筋混凝土带基，外墙玻璃幕，内墙石膏板轻质隔墙，钢屋架、彩色复合压型钢板屋面，水磨石地面，内墙乳胶漆，轻钢龙骨石膏板吊顶，铝合金门窗，室外86m²阳光板防雨篷。安装工程：焊接钢管综合供暖，铸铁柱式散热器；分体空调；BV铜芯线，荧光灯。

单位：m²

指标编号				10F-042	
项目			单位	现浇钢筋混凝土框架结构	占指标基价（%）
指标基价			元	7018	100.00
一、建筑安装工程费			元	2846	40.56
二、设备购置费			元	4172	59.44
建筑安装工程费					
直接费	人工费	人工	工日	7	—
		措施费分摊	元	5	—
		人工费小计	元	222	3.16
	材料费	钢筋 ϕ10以内	t	0.01	—
		钢筋 ϕ10以外	t	0.05	—
		型钢	t	0.04	—
		水泥 综合	t	0.35	—
		标准砖	千块	0.25	—
		带铝合金隐框中空玻璃	m²	0.46	—
		彩色复合压型钢板（100mm厚保温）	m³	1.56	—
		阳光板	m²	1.58	—
		钢管 综合	t	0.01	—
		其他材料费	元	647.72	—
		措施费分摊	元	50	—
		材料费小计	元	2051	29.23
	机械费	机械费	元	74	—
		措施费分摊	元	3	—
		机械费小计	元	77	1.10
	直接费小计		元	2350	33.49
综合费用			元	496	7.07
合 计			元	2846	—

设备购置费

序号	设备名称	单位	数量	单价（元）	合价（元）
1	分体壁挂空调机	台	1	3000	3000
2	照明配电箱	台	1	1500	1500
3	地磅	台	2	122900	245800
合 计		元	—	—	250300
设备单位建筑面积指标		元/m²	—	—	4172

工程特征： 矩形地磅房，建筑面积 61m²，檐高 4.9m，现浇钢筋混凝土框架结构，钢筋混凝土带基，外墙涂料，内墙轻质隔墙，钢筋混凝土屋面，SBS 防水卷材，地面铺地砖，内墙、天棚乳胶漆，铝合金门窗，室外雨篷面积为 60m²，现浇钢筋混凝土框架结构，聚氨酯涂膜防水。安装工程：分体空调；BV 铜芯线，荧光灯。

单位：m²

指标编号				10F-043	
项目			单位	现浇钢筋混凝土框架结构	占指标基价（%）
指标基价			元	4146	100.00
一、建筑安装工程费			元	1738	41.92
二、设备购置费			元	2408	58.08
建筑安装工程费					
直接费	人工费	人工	工日	7	—
		措施费分摊	元	3	—
		人工费小计	元	220	5.31
	材料费	钢筋 ϕ10 以内	t	0.02	—
		钢筋 ϕ10 以外	t	0.08	—
		型钢	t	0.04	—
		水泥 综合	t	0.33	—
		标准砖	千块	0.26	—
		钢管 综合	t	0.01	—
		其他材料费	元	78.36	—
		措施费分摊	元	30	—
		材料费小计	元	1133	27.33
	机械费	机械费	元	80	—
		措施费分摊	元	2	—
		机械费小计	元	82	1.98
	直接费小计		元	1435	34.61
综合费用			元	303	7.30
合计			元	1738	—

设备购置费

序号	设备名称	单位	数量	单价（元）	合价（元）
1	分体壁挂空调机	台	1	3000	3000
2	照明配电箱	台	1	1500	1500
3	地磅	台	1	140000	140000
合计		元	—	—	144500
设备单位建筑面积指标		元/m²	—	—	2408

工程特征：矩形地磅房，建筑面积 81m²，檐高 3.6m，钢结构，外墙玻璃幕，内墙石膏板轻质隔墙，钢屋架、彩色复合压型钢板屋面，水磨石地面，内墙乳胶漆，轻钢龙骨石膏板吊顶，铝合金门窗，室外 125m² 阳光板防雨篷。安装工程：分体空调；BV 铜芯线，荧光灯。

单位：m²

指标编号				10F-044	
项目			单位	钢结构	占指标基价（%）
指标基价			元	4179	100.00
一、建筑安装工程费			元	1654	39.58
二、设备购置费			元	2525	60.42
建筑安装工程费					
直接费	人工费	人工	工日	7	—
		措施费分摊	元	3	—
		人工费小计	元	220	5.26
	材料费	钢筋 ϕ10 以外	t	0.01	—
		型钢	t	0.04	—
		水泥 综合	t	0.24	—
		标准砖	千块	0.25	—
		带铝合金隐框中空玻璃	m²	0.19	—
		彩色复合压型钢板（100mm 厚保温）	m³	0.83	—
		阳光板	m²	0.96	—
		钢管 综合	t	0.01	—
		其他材料费	元	45.28	—
		措施费分摊	元	29	—
		材料费小计	元	1070	25.60
	机械费	机械费	元	74	—
		措施费分摊	元	2	—
		机械费小计	元	76	1.82
	直接费小计		元	1366	32.69
综合费用			元	288	6.90
合计			元	1654	—

设备购置费

序号	设备名称	单位	数量	单价（元）	合价（元）
1	分体壁挂空调机	台	1	3000	3000
2	照明配电箱	台	1	1500	1500
3	地磅	台	1	200000	200000
合计		元	—	—	204500
设备单位建筑面积指标		元/m²	—	—	2525

1.2.2.2 车库及维修车间

工程特征： 矩形 4 车位车库及维修车间，建筑面积 342m^2，檐高 5.1m，现浇钢筋混凝土框架结构，钢筋混凝土带基，外墙涂料，内墙轻质隔墙，钢屋架、彩色复合压型钢板屋面，水泥综合地面，内墙乳胶漆，大门电动卷帘门，其他为塑钢门窗。安装工程：镀锌钢管综合给水管，焊接钢管综合供暖，铸铁柱式散热器；分体空调；BV 铜芯线，荧光灯。

单位：m^2

指标编号			10F-045		
项目			单位	现浇钢筋混凝土框架结构	占指标基价（%）
指标基价			元	1747	100.00
一、建筑安装工程费			元	1308	74.85
二、设备购置费			元	439	25.15
建筑安装工程费					
直接费	人工费	人工	工日	7	—
		措施费分摊	元	2	—
		人工费小计	元	219	12.55
	材料费	钢筋 ϕ10 以内	t	0.01	—
		钢筋 ϕ10 以外	t	0.05	—
		型钢	t	0.04	—
		水泥 综合	t	0.35	—
		标准砖	千块	0.25	—
		彩色复合压型钢板（100mm 厚保温）	m^2	1.27	—
		钢管 综合	t	0.01	—
		其他材料费	元	32.54	—
		措施费分摊	元	23	—
		材料费小计	元	786	44.96
	机械费	机械费	元	74	—
		措施费分摊	元	1	—
		机械费小计	元	75	4.29
	直接费小计		元	1080	61.81
综合费用			元	228	13.04
合计			元	1308	—

设备购置费

序号	设备名称	单位	数量	单价（元）	合价（元）
1	轻型台钻 ZQ4113D	台	1	3000	3000
2	空压机 FS-2030	台	1	2500	2500
3	电焊机 WSME315	台	1	8500	8500
4	卸轮机 SYB-1 型	台	1	3000	3000
5	电动葫芦 2t，起升高度 12m	台	1	9200	9200
6	千斤顶 JRC2514	台	1	4000	4000
7	千斤顶 FCD100	台	1	6000	6000
8	套装螺文工具 SHR-086-9990K	台	1	2500	2500
9	车床 C6132A	台	1	32000	32000
10	刨床 BC6063B	台	1	40000	40000
11	弓钜床 G7025	台	1	10000	10000
12	照明配电箱	台	1	1500	1500
13	分体壁挂空调机	台	3	3000	9000
14	其他设备费	元	—	—	19100
合计		元	—	—	150300
设备单位建筑面积指标		元/m^2	—		439

1.2.2.3 办公及辅助用房

工程特征： 办公及辅助用房，外形尺寸 36m×24.9m×9.9m，建筑面积 1715m²，檐高 9.9m，三层，现浇钢筋混凝土框架结构，钢筋混凝土带基，外墙涂料，内墙轻质隔墙，现浇钢筋混凝土屋面板，SBS 防水卷材防水，地砖地面，内墙乳胶漆，木门塑钢窗。安装工程：镀锌钢管综合给水管，焊接钢管综合供暖，铸铁柱式散热器；分体空调；BV 铜芯线，荧光灯。

单位：m²

指标编号				10F-046	
项目			单位	现浇钢筋混凝土框架结构	占指标基价（%）
指标基价			元	1726	100.00
一、建筑安装工程费			元	1305	75.63
二、设备购置费			元	421	24.37
建筑安装工程费					
直接费	人工费	人工	工日	7	—
		措施费分摊	元	2	—
		人工费小计	元	220	12.72
	材料费	钢筋 ϕ10 以内	t	0.02	—
		钢筋 ϕ10 以外	t	0.06	—
		型钢	t	0.00	—
		水泥 综合	t	0.23	—
		标准砖	千块	0.02	—
		塑钢窗	m²	0.10	—
		木门	m²	0.06	—
		钢管 综合	t	0.01	—
		其他材料费	元	287.77	—
		措施费分摊	元	25	—
		材料费小计	元	783	45.38
	机械费	机械费	元	74	—
		措施费分摊	元	1	—
		机械费小计	元	75	4.35
	直接费小计		元	1077	62.45
综合费用			元	227	13.18
合计			元	1305	—

设备购置费

序号	设备名称	单位	数量	单价（元）	合价（元）
1	生化培养箱	台	1	8400	8400
2	原子吸收分光光度计	台	1	67900	67900
3	显微镜	台	1	3600	3600
4	高温箱式电阻炉	台	1	4500	4500
5	光电分析天平	台	1	8000	8000
6	分光光度计	台	1	11550	11550
7	大气采样机	台	3	19500	58500
8	电热蒸馏水器	台	1	6800	6800
9	离子交换纯水器	台	1	18000	18000
10	溶解氧测定仪	台	1	9100	9100
11	电热干燥箱	台	1	1100	1100
12	真空泵	台	2	2000	4000
13	电磁搅拌器	台	1	400	400
14	酸度计	台	1	1960	1960
15	恒温水浴锅	台	1	1720	1720
16	噪声测量仪	台	1	11000	11000
17	污水采样器	台	1	12000	12000
18	多参数水质分析仪	台	1	37000	37000
19	便携式甲烷监测仪 EP200-1	台	3	3000	9000
20	H2S 检测仪 ES2000T-H2S	台	1	10000	10000
21	NH3 检测仪 ES2000T-NH3	台	1	8000	8000
22	COD 在线监测装置	台	1	230000	230000
23	LMSXI 便携式垃圾填埋场气体检测仪	台	1	80000	80000
24	动力配电箱 XL-21	台	3	4000	12000
25	照明配电箱 GSXM	台	6	1800	10800
26	分体壁挂空调机	台	27	3000	81000
27	其他设备费	元	—	—	15000
合　计		元	—	—	721330
设备单位建筑面积指标		元/m^2	—	—	421

1.2.2.4 道　路

工程特征： 现浇钢筋混凝土整体面层道路，面层 220mm 厚，基层为 300mm 厚级配砂石碾实，预制混凝土道牙。

工程内容： 场地平整、挖运土、垫层、模板、面层、路基碾压、道牙铺砌。

单位：m^2

指标编号				10F-047	
项　目			单位	级配砂石基层	占指标基价（%）
指标基价			元	155	100.00
一、建筑安装工程费			元	155	100.00
二、设备购置费			元	—	—
建筑安装工程费					
直接费	人工费	人工	工日	0.33	—
		措施费分摊	元	0.56	—
		人工费小计	元	11	7.10
	材料费	水泥 综合	kg	1.60	—
		混凝土块道牙	m	0.34	—
		砂子	kg	6.37	—
		碎石	m^3	0.33	—
		石灰	kg	6.40	—
		C25 预拌混凝土	m^3	0.22	—
		其他材料费	元	69.24	—
		措施费分摊	元	6.09	—
		材料费小计	元	105	67.74
	机械费	机械费	元	10	—
		措施费分摊	元	0.35	—
		机械费小计	元	10	6.45
	直接费小计		元	126	81.29
综合费用			元	29	18.71
合　计			元	155	—

工程特征：50mm厚中粒式沥青混凝土面层，20mm厚碎石基层，150mm厚9%石灰土垫层，预制混凝土道牙。

工程内容：场地平整、挖运土、垫层、模板、面层、路基碾压、道牙铺砌。

单位：m^2

指标编号				10F-048	
项目			单位	碎石、灰土基层	占指标基价（%）
指标基价			元	130	100.00
一、建筑安装工程费			元	130	100.00
二、设备购置费			元	—	—
建筑安装工程费					
直接费	人工费	人工	工日	0.51	—
		措施费分摊	元	0.48	—
		人工费小计	元	16	12.31
	材料费	水泥 综合	kg	1.60	—
		混凝土块道牙	m	0.34	—
		砂子	kg	6.37	—
		碎石	m^3	0.43	—
		石灰	kg	75.00	—
		厂拌中粒式混凝土	t	0.12	—
		其他材料费	元	34.81	—
		措施费分摊	元	5	—
		材料费小计	元	76	58.46
	机械费	机械费	元	14	—
		措施费分摊	元	0.30	—
		机械费小计	元	14	10.77
	直接费小计		元	106	81.53
综合费用			元	24	18.47
合计			元	130	—

工程特征：30mm 厚沥青石屑面层，100mm 厚碎石基层，150mm 厚 12%石灰土垫层，预制混凝土道牙。

工程内容：场地平整、挖运土、垫层、模板、面层、路基碾压、道牙铺砌。

单位：m^2

指标编号				10F-049	
项目			单位	碎石、灰土基层	占指标基价（%）
指标基价			元	81	100.00
一、建筑安装工程费			元	81	100.00
二、设备购置费			元	—	—
建筑安装工程费					
直接费	人工费	人工	工日	0.31	—
		措施费分摊	元	0.28	—
		人工费小计	元	10	12.35
	材料费	水泥 综合	kg	1.60	—
		混凝土块道牙	m	0.34	—
		砂子	kg	6.37	—
		碎石	m^3	0.43	—
		其他材料费	元	8.79	—
		措施费分摊	元	3	—
		材料费小计	元	49	60.49
	机械费	机械费	元	7	—
		措施费分摊	元	0.13	—
		机械费小计	元	7	8.64
	直接费小计		元	66	81.48
综合费用			元	15	18.52
合　计			元	81	—

1.2.2.5 挡土墙

工程特征：浆砌块石挡土墙。

工程内容：挖土、回填土、垫层、基础、砌体、沟缝、脚手架、运输。

单位：m^3

指标编号				10F-050	
项目			单位	浆砌块石挡土墙	占指标基价（%）
指标基价			元	332	100.00
一、建筑安装工程费			元	332	100.00
二、设备购置费			元	—	—
建筑安装工程费					
直接费	人工费	人工	工日	4	—
		措施费分摊	元	1	—
		人工费小计	元	125	37.65
	材料费	水泥 综合	kg	86.58	—
		砂子	kg	672.14	—
		毛石	kg	1813.00	—
		其他材料费	元	2.44	—
		措施费分摊	元	14	—
		材料费小计	元	136	40.96
	机械费	机械费	元	8	—
		措施费分摊	元	1	—
		机械费小计	元	9	2.71
	直接费小计		元	270	81.33
综合费用			元	62	18.67
合计			元	332	—

工程特征：现浇钢筋混凝土挡土墙。

工程内容：挖土、回填土、垫层、基础、混凝土、钢筋、模板、脚手架、运输。

单位：m^3

指 标 编 号				10F-051	
项 目			单位	现浇钢筋混凝土挡土墙	占指标基价（%）
指 标 基 价			元	981	100.00
一、建筑安装工程费			元	981	100.00
二、设备购置费			元	—	—
建筑安装工程费					
直接费	人工费	人工	工日	4	—
		措施费分摊	元	3	—
		人工费小计	元	137	13.98
	材料费	钢筋 ϕ10 以内	kg	51.25	—
		钢筋 ϕ10 以外	kg	37.93	—
		水泥 综合	kg	440.06	—
		砂子	kg	676.64	—
		石子 综合	kg	1154.97	—
		其他材料费	元	38.21	—
		措施费分摊	元	37	—
		材料费小计	元	633	64.53
	机械费	机械费	元	27	—
		措施费分摊	元	2	—
		机械费小计	元	29	2.96
	直接费小计		元	799	81.46
综合费用			元	182	18.54
合 计			元	981	—

1.2.2.6 围　　墙

工程特征：混凝土空心砌块围墙。

工程内容：挖土、回填土、垫层、基础、砌体、抹灰、脚手架、运输。

单位：m^2

指标编号				10F-052	
项　　目			单位	混凝土垫层、混凝土空心砌块围墙	占指标基价（%）
指标基价			元	182	100.00
一、建筑安装工程费			元	182	100.00
二、设备购置费			元	—	—
建筑安装工程费					
直接费	人工费	人工	工日	1	—
		措施费分摊	元	1	—
		人工费小计	元	32	17.58
	材料费	水泥 综合	kg	26.52	—
		砂子	kg	101.06	—
		混凝土小型空心砌块 90mm 厚	m^3	0.27	—
		混凝土小型空心砌块 190mm 厚	m^3	0.04	—
		石灰	kg	1.42	—
		C10 预拌混凝土	m^3	0.07	—
		其他材料费	元	4.44	—
		措施费分摊	元	7	—
		材料费小计	元	113	62.09
	机械费	机械费	元	3	—
		措施费分摊	元	0.40	—
		机械费小计	元	3	1.65
	直接费小计		元	148	81.32
综合费用			元	34	18.68
合　计			元	182	—

工程特征：钢栏杆砖跺围墙。

工程内容：挖土、回填土、垫层、基础、砌体、抹灰、脚手架、油漆、运输。

单位：m^2

指标编号				10F-053	
项　目			单位	混凝土垫层、钢栏杆砖跺围墙	占指标基价（%）
指标基价			元	273	100.00
一、建筑安装工程费			元	273	100.00
二、设备购置费			元	—	—
建筑安装工程费					
直接费	人工费	人工	工日	1	—
		措施费分摊	元	1	—
		人工费小计	元	32	11.72
	材料费	水泥 综合	kg	7.80	—
		标准砖	块	17.13	—
		砂子	kg	34.14	—
		陶粒混凝土空心砌块	m^3	0.02	—
		石灰	kg	0.23	—
		防锈漆	kg	0.18	—
		耐酸漆	kg	0.41	—
		钢栏杆	t	0.02	—
		其他材料费	元	31.34	—
		措施费分摊	元	10	—
		材料费小计	元	187	68.50
	机械费	机械费	元	2	—
		措施费分摊	元	1	—
		机械费小计	元	3	1.10
	直接费小计		元	222	81.32
综合费用			元	51	18.68
合　计			元	273	—

1.2.2.7 绿　　化

工程特征： 原土过筛，铺暖草坪草卷，镀锌钢管综合做绿地喷灌。

工程内容： 人工整理绿化用地，原土过筛，铺暖草坪草卷，钢管综合做绿地喷灌。

单位：m^2

指标编号				10F-054	
项　　目			单位	暖草坪带喷灌	占指标基价（%）
指标基价			元	48	100.00
一、建筑安装工程费			元	48	100.00
二、设备购置费			元	—	—
建筑安装工程费					
直接费	人工费	人工	工日	0.22	—
		措施费分摊	元	0.18	—
		人工费小计	元	7	14.58
	材料费	草卷	m^2	1.04	—
		镀锌钢管 综合	m	0.20	—
		阀门	个	0.09	—
		其他材料费	元	3.66	—
		措施费分摊	元	2	—
		材料费小计	元	26	54.17
	机械费	机械费	元	6	—
		措施费分摊	元	0.10	—
		机械费小计	元	6	12.50
	直接费小计		元	39	81.25
综合费用			元	9	18.75
合　　计			元	48	—

工程特征：原土过筛，铺暖草坪草卷。

工程内容：人工整理绿化用地，原土过筛，铺暖草坪草卷。

单位：m^2

指标编号				10F-055	
项目			单位	暖草坪不带喷灌	占指标基价（%）
指标基价			元	22	100.00
一、建筑安装工程费			元	22	100.00
二、设备购置费			元	—	—
建筑安装工程费					
直接费	人工费	人工	工日	0.13	—
		措施费分摊	元	0.07	—
		人工费小计	元	4	18.18
	材料费	草卷	m^2	1.04	—
		其他材料费	元	0.50	—
		措施费分摊	元	0.78	—
		材料费小计	元	10	45.45
	机械费	机械费	元	4	—
		措施费分摊	元	0.05	—
		机械费小计	元	4	18.19
	直接费小计		元	18	81.82
综合费用			元	4	18.18
合计			元	22	—

1.2.2.8 电 气 工 程

工程特征：厂区设箱式变电站两座，10kV 电源经变压器降压后放射式配给各车间和辅助设施，室外电缆采用金属铠装电缆，敷设以直埋为主，总装机容量 486kW。

单位：kW

指标编号				10F-056	
项目			单位	电气工程	占指标基价(%)
指标基价			元	1627	100.00
一、安装工程费			元	802	49.29
二、设备购置费			元	825	50.71
安装工程费					
直接费	人工费	人工	工日	4	—
		措施费分摊	元	1	—
		人工费小计	元	125	7.68
	材料费	电缆 YJV22-1kV	m	11.18	—
		导线	m	17.38	—
		其他材料费	元	103	—
		措施费分摊	元	12	—
		材料费小计	元	502	30.85
	机械费	机械费	元	46	—
		措施费分摊	元	1	—
		机械费小计	元	47	2.89
	直接费小计		元	674	41.42
综合费用			元	128	7.87
合计			元	802	—

设备购置费

序号	名称	单位	数量	设备购置费（元）	
				单价	合价
1	10kV 高压开关柜	台	4	40000	160000
2	电力变压器 SC9-63/10	台	1	43000	43000
3	电力变压器 SC9-500/10	台	1	110000	110000
4	低压开关柜 GGD 型	台	4	20000	80000
5	低压无功功率补偿柜	台	2	4000	8000
合计		元	—	—	401000
设备单位装机容量指标		元/kW	—	—	825

1.2.2.9 给 水 工 程

工程特征： 管理区给水管网埋设，材质为镀锌钢管综合，主要供生活用水、道路喷洒、绿化用水、汽车冲洗用水及消防用水，管理区面积 11000m^2。

单位：100m^2

指标编号				10F-057	
项目			单位	给水工程	占指标基价(%)
指标基价			元	2479	100.00
一、建筑安装工程费			元	1740	70.19
二、设备购置费			元	739	29.81
建筑安装工程费					
直接费	人工费	人工	工日	3	—
		措施费分摊	元	6	—
		人工费小计	元	99	4.00
	材料费	镀锌钢管 综合 *DN*100	kg	35.15	—
		镀锌钢管 综合 *DN*150	kg	200.54	—
		其他材料费	元	150	—
		措施费分摊	元	65	—
		材料费小计	元	1205	48.61
	机械费	机械费	元	109	—
		措施费分摊	元	4	—
		机械费小计	元	113	4.56
	直接费小计		元	1417	57.17
综合费用			元	323	13.02
合 计			元	1740	—

设备购置费

序号	名称	单位	数量	设备购置费（元）	
				单价	合价
1	生活给水泵 AL25/125-0.75/2	台	2	6000	12000
2	消防给水泵 AL80/200(I)A-18.5-2	台	2	35000	70000
合 计		元	—	—	82000
设备百平方米管理区面积指标		元/100m^2	—	—	739

1.2.2.10 排 水 工 程

工程特征：管理区的污水管网、化粪池，管理区的污水经化粪池消化后排出区外。

单位：$100m^2$

指标编号				10F-058	
项目			单位	排水工程	占指标基价(%)
指标基价			元	469	100.00
一、建筑安装工程费			元	469	100.00
二、设备购置费			元	—	—
建筑安装工程费					
直接费	人工费	人工	工日	2	—
		措施费分摊	元	2	—
		人工费小计	元	64	13.65
	材料费	混凝土管 $\phi200$	m	4.50	—
		混凝土管 $\phi300$	m	2.10	—
		其他材料费	元	82	—
		措施费分摊	元	18	—
		材料费小计	元	289	61.62
	机械费	机械费	元	28	—
		措施费分摊	元	1	—
		机械费小计	元	29	6.18
	直接费小计		元	382	81.45
综合费用			元	87	18.55
合计			元	469	—

2 焚烧工程指标

说　　明

一、适用范围

本指标是依据近期各地设计和建设的有代表性的生活垃圾焚烧工程项目的经济技术资料编制而成。本指标所涉及的生活垃圾焚烧工程投资估算指标适用于以焚烧方式处理生活垃圾的新建、扩建工程。不适用于维修和技术改造工程以及有毒、有害废物和危险废物的垃圾处理工程和技术改造工程。考虑到焚烧垃圾热能应充分利用，根据国内实际建设情况，本章指标按生活垃圾焚烧带发电编制。

二、指标项目划分及编制说明

依据《城市生活垃圾焚烧处理工程项目建设标准》和已建垃圾焚烧处理工程实际情况本指标项目划分如下：

1. 综合指标：按焚烧厂建设规模额定日处理能力和炉排炉、循环流化床炉两种炉型划分项目。根据焚烧厂建设规模和生活垃圾产量、成分特点以及变化趋势等因素，确定生产线数量和单台炉处理能力为：额定日处理能力为750t，按3台250t/d炉排炉,配2台7.5MW汽轮发电机组编制；额定日处理能力为1050t，按3台350t/d炉排炉，配2台7.5MW汽轮发电机组编制；额定日处理能力为1200t，按3台400t/d循环流化床炉，配3台12MW汽轮发电机组编制。

2. 分项指标：反映不同规模、不同工艺条件下生活垃圾焚烧厂单项建筑物及构筑物造价指标和各工艺系统中设备及安装工程造价指标。分项指标项目划分根据生活垃圾焚烧厂的特点，按项目构成分为建筑工程和工艺设备及安装工程两部分。建筑工程考虑厂房整体性按单项工程编制指标；工艺设备及安装工程考虑工艺的系统性按工艺系统编制指标。

分项指标列有工程特征说明，介绍了单项工程的工艺标准、结构特征、主要做法等内容，以便选择时参考比较，当条件相差较大，设计标准不同时，应按工程实际情况进行调整。

3. 工艺设备及安装工程系统划分：

（1）热力系统：包括垃圾焚烧系统、余热利用系统、烟气净化系统、热力系统汽水管道、热力系统保温油漆。

其中垃圾焚烧系统包括垃圾进料、焚烧、燃烧空气、余热锅炉、空气预热器、启动点火及辅助燃烧等设施。

余热利用系统包括汽轮发电机组及其辅助设施、供热设施等。

烟气净化系统包括有害气体去除、烟尘去除及排放等设施。

热力系统汽水管道包括热力系统高、中、低压及室内、室外各种热力系统汽水管道。

热力系统保温油漆包括锅炉炉墙砌筑、热力系统设备、管道保温油漆。

（2）燃料供应系统：包括垃圾受料及供料系统、燃油供应系统或燃气供应系统。

其中垃圾受料及供料系统包括垃圾计量设施、垃圾卸料平台、垃圾卸料门、垃圾池、垃圾抓斗起重机、粗大垃圾破碎和垃圾池内的其他必要设施。

燃油供应系统包括卸油、供油、储油设备，燃油供应系统管道、保温油漆。

燃气供应系统包括调压站系统、燃气供应系统管道、保温油漆。

（3）灰渣处理系统：包括炉渣处理系统、飞灰处理系统。

其中炉渣处理系统包括除渣、冷却、碎渣、输送、储存、除铁等设施。

飞灰处理系统包括飞灰收集、输送、储存等设施。

（4）水处理系统：包括预处理设施、锅炉补充水除盐设施、循环水处理设施、给水炉水校正处理等设施。

（5）供水系统：包括取水泵房设备、循环水泵房设备、机力冷却塔设备、综合泵房生产给水设备、供水系统室内外管道及防腐。

（6）电气系统：包括发电机电气引出线、主变压器、配电装置、主控及直流系统、厂用电系统、全厂电缆及接地、通信系统。

（7）热工控制系统：机、炉、电机组控制系统(DCS 或其他装置)、单项自动控制装置、现场仪表及执行机构、电动门配电箱、电缆及辅助设施。

（8）附属生产系统：机修设备、实验室设备、环保工程设备及管道。

三、其他需说明问题

1. 工艺设备及安装工程分项指标中设备及安装工程都是与垃圾焚烧厂工艺有关的设备及安装工程，如工艺管道及阀门、各种电缆、滑触线等，其本身的材料费和安装费均已计入相应的安装工程费中。

2. 建筑分项指标中所列设备是生活及附属于厂房的建筑设备（如通风空调设备等），其设备购置费已计入相应专业建筑设备费中，其安装费均已计入相应专业的建筑工程费中。

3. 本指标基价不包括粗大垃圾破碎及筛选系统投资。

4. 本指标基价不含厂外工程（除取水泵房外）。由于不同的厂址其相应厂外工程费用相差较大。为了准确计算总投资，在编制估算时，可根据项目选址的实际情况及具体项目估算厂外工程费用。

5. 本指标未包括电力接入系统，如果发生根据项目实际情况估算。

四、工程量计算规则

生活垃圾焚烧处理工程综合指标以额定日处理能力“t”为计量单位，分项建筑指标以建筑面积“m^2”为计量单位，垃圾坡道以水平投影面积“m^2”为计量单位，烟囱以烟囱高度“m”为计量单位，设备及安装工程分项指标以额定日处理能力“t”计算。

2.1 综合指标

工程特征： 建设规模为日处理垃圾750t，选用3台250t/d往复推动炉排垃圾焚烧炉和2台7.5MW凝汽式汽轮发电机组及配套设施。总建筑面积14776m²。地震烈度7度。主厂房特征：现浇钢筋混凝土框架结构、跨度24.5+9+6（m）、柱距6+7+8+9（m）、檐高21/35.5（m），垃圾焚烧炉为室内布置。主要系统简况：主蒸汽系统采用单母管分段制系统。尾气净化系统采用半干法循环流化床反应塔+布袋除尘器+活性炭吸附。水处理系统采用一级除盐加混床的处理方式。除渣系统采用输送机经料斗卸至汽车运出厂外。除灰采用干式气力输送除灰方式。本厂通过三条10kV架空线路与市政110kV变电站并网。10kV接线方式为单母线分段式。热工控制系统以DCS为核心，通过以太网与全厂各控制系统连接，机炉电在中央控制室一体化集中控制。渗沥液处理采用预处理+MBR生化处理+二级纳滤处理工艺，处理后水回用，实现污水的零排放。

单位：t/d

指标编号				10Z-016	
项目			单位	炉排焚烧炉　额定日处理能力	
				750t/d以内	占指标基价（%）
指标基价			元	333515	100.00
一、建筑安装工程费			元	123583	37.05
其中：建筑工程费(含通风空调等建筑设备)			元	77783	23.32
安装工程费(含工艺管道、电缆等)			元	45800	13.73
二、设备购置费			元	144947	43.46
三、工程建设其他费用			元	40280	12.08
四、基本预备费			元	24705	7.41
建筑安装工程费					
直接费	人工费	人工	工日	433.03	—
		措施费分摊	元	260	—
		人工费小计	元	13697	4.11
	材料费	钢筋　ϕ10以内	kg	710.00	—
		钢筋　ϕ10以外	kg	2941.41	—
		钢材　综合	kg	1049.77	—
		水泥　综合	kg	12229.21	—
		钢结构薄型防火涂料	t	0.04	—
		APP改性沥青油毡防水卷材3+4mm厚	m²	9.76	—
		1.5mm厚绿色PVC防水卷材	m²	10.47	—
		铝合金活动地板	m²	0.58	—
		镀铝锌彩色压型钢板0.8mm	m²	9.54	—
		垃圾池防腐	m²	4.29	—
		PK1砖	块	660.00	—
		砂子	t	25.55	—
		钢管　综合	t	448.33	—
		电缆	m	133.00	—
		其他材料费	元	33718	—
		措施费分摊	元	2282	—
		材料费小计	元	76494	22.94
	机械费	机械费	元	10086	—
		措施费分摊	元	126	—
		机械费小计	元	10212	3.06
	直接费小计		元	100403	30.10
综合费用			元	23180	6.95
合　计			元	123583	—

建筑工程分项费用

单位：元/t

序号	指标编号	10Z-016	
	名　称	费用（元）	占合计（%）
1	主厂房	39634	50.95
2	汽机厂房	7494	9.63
3	主控及附件楼	4546	5.84
4	循环水泵房及冷却塔	1851	2.38
5	加压泵房及水池	1985	2.55
6	综合楼	3019	3.88
7	地磅房(带棚)	301	0.39
8	门房	131	0.17
9	油泵房	160	0.21
10	空压站及污水处理站	234	0.30
11	渗沥液处理	2346	3.02
12	灰库及飞灰固化	596	0.77
13	职工宿舍及食堂	3160	4.06
14	垃圾运输坡道	1997	2.57
15	烟囱	1346	1.73
16	厂区室外工程	8983	11.55
合　计		77783	100.00

工艺设备及安装工程分项费用

单位：元/t

序号	指标编号	10Z-016			
	名　称	费用（元）			占合计（%）
		设备购置费	安装工程费	小计	
1	一、热力系统	104684	25418	130102	68.21
2	垃圾焚烧系统	68624	14164	82788	43.41
3	余热利用系统	14061	1053	15114	7.92
4	烟气净化系统	21999	—	21999	11.53
5	热力系统汽水管道	—	2501	2501	1.31
6	热力系统砌筑保温油漆	—	7700	7700	4.04
7	二、燃料供应系统	4160	409	4569	2.40
8	三、灰渣处理系统	3070	692	3762	1.97
9	四、水处理系统	949	353	1302	0.68
10	五、供水系统	3520	3050	6570	3.44
11	六、电气系统	13523	12582	26105	13.69
12	七、热工控制系统	9184	3164	12348	6.47
13	八、附属生产工程	5857	132	5989	3.14
	合　计	144947	45800	190747	100.00

工程特征： 建设规模为日处理垃圾 1050t，选用 3 台 350t/d 炉排垃圾焚烧炉和 2 台 7.5MW 凝汽式汽轮发电机组及配套设施。总建筑面积 17934m^2。地震烈度 6 度。主厂房特征：现浇钢筋混凝土框排架结构、跨度 24.5+9+6（m）、柱距 6+7+8+9（m）、檐高 21/35.5（m），垃圾焚烧炉为室内布置。主要系统简况：主蒸汽系统采用分段母管制系统。尾气净化系统采用循环悬浮式半干法烟气净化+布袋除尘器+活性炭吸附。水处理系统采用预处理 + RO + EDI 方式。供水系统水源采用经预处理后河水，机械通风冷却塔循环供水。除渣系统采用输送机经料斗卸至汽车运出厂外。除灰采用干式气力输送除灰方式。电气系统汽轮发电机出口设发电机断路器，经 2 台 S10-10000/35 电力变压器，接入厂内 35kV 单母线配电装置。热工控制系统以 DCS 为核心，通过以太网与全厂各控制系统连接，机炉电在中央控制室一体化集中控制。渗沥液处理采用预处理+MBR 生化处理+二级纳滤处理工艺，处理后水回用，实现污水的零排放。

单位：t/d

指标编号				10Z-017	
项目			单位	炉排焚烧炉　额定日处理能力	
				1050t/d 以内	占指标基价(%)
指标基价			元	319597	100.00
一、建筑安装工程费			元	110255	34.50
其中：建筑工程费(含通风空调等建筑设备)			元	65651	20.54
安装工程费(含工艺管道、电缆等)			元	44604	13.96
二、设备购置费			元	147069	46.01
三、工程建设其他费用			元	38599	12.08
四、基本预备费			元	23674	7.41
建筑安装工程费					
直接费	人工费	人工	工日	399.82	—
		措施费分摊	元	192	—
		人工费小计	元	12598	3.94
	材料费	钢筋 ϕ10 以内	kg	757.00	—
		钢筋 ϕ10 以外	kg	2043.00	—
		钢材 综合	kg	952.00	—
		水泥 综合	kg	11778.00	—
		钢结构薄型防火涂料	t	0.03	—
		SBS 改性沥青油毡防水卷材 3+4mm 厚	m^2	12.11	—
		铝合金中空玻璃窗	m^2	1.38	—
		镀铝锌夹心钢板(内填玻璃棉保温层)	m^2	5.05	—
		垃圾池防腐	m^2	4.98	—
		加气混凝土砌块	m^3	3.21	—
		PK1 砖	块	1353.00	—
		砂子	t	22.62	—
		钢管 综合	kg	412.00	—
		电缆	m	170.05	—
		其他材料费	元	30349	—
		措施费分摊	元	2069	—
		材料费小计	元	69279	21.68
	机械费	机械费	元	7465	—
		措施费分摊	元	119	—
		机械费小计	元	7584	2.37
	直接费小计		元	89461	27.99
综合费用			元	20794	6.51
合计			元	110255	—

建筑工程分项费用

单位：元/t

序号	指 标 编 号	10Z-17	
	名 称	费用（元）	占合计 （%）
1	主厂房	35793	54.52
2	汽机厂房	5995	9.13
3	主控厂房	4221	6.43
4	综合楼	3525	5.37
5	35kV 升压站	420	0.64
6	循环泵房及冷却塔	1402	2.14
7	综合泵房及水池	1015	1.55
8	飞灰固化厂房	474	0.72
9	垃圾渗沥液处理厂房及污水调节池	1717	2.62
10	油泵房	280	0.43
11	门房	75	0.11
12	地磅房（带棚）	233	0.35
13	污水处理站	177	0.27
14	垃圾运输坡道	1361	2.07
15	取水泵房	244	0.37
16	烟囱	1615	2.46
17	厂区室外工程	7104	10.82
合 计		65651	100.00

工艺设备及安装工程分项费用

单位：元/t

序号	指 标 编 号	10Z-17			
	名　称	费用（元）			占合计（%）
		设备购置费	安装工程费	小计	
1	一、热力系统	106090	24643	130733	68.21
2	垃圾焚烧系统	75557	13721	89278	46.58
3	余热利用系统	10103	721	10824	5.65
4	烟气净化系统	20430	—	20430	10.66
5	热力系统汽水管道	—	2146	2146	1.12
6	热力系统砌筑保温油漆	—	8055	8055	4.20
7	二、燃料供应系统	4270	301	4571	2.38
8	三、灰渣处理系统	3957	644	4601	2.40
9	四、水处理系统	2384	223	2607	1.36
10	五、供水系统	2356	1768	4124	2.15
11	六、电气系统	15631	12343	27974	14.59
12	七、热工控制系统	6892	4575	11467	5.99
13	八、附属生产工程	5489	107	5596	2.92
	合　计	147069	44604	191673	100.00

工程特征：建设规模为日处理垃圾 1200t，选用 3 台 400t/d 循环流化床垃圾焚烧炉和 3 台 12MW 凝汽式汽轮发电机组及配套设施。总建筑面积 30637m^2。地震烈度 6 度。主厂房特征：现浇钢筋混凝土框排架结构、跨度 24+19.5+8（m）、柱距 6+7（m）、檐高 17.7/31.5（m）,烧炉间为半露天布置，除尘间为室外露天布置。主要系统简况：主蒸汽系统采用切换母管制系统。尾气净化系统采用半干法循环流化床反应塔+布袋除尘器+活性炭吸附。水处理系统采用预处理 + RO + EDI 方式。除渣系统采用输送机经料斗卸至汽车运出厂外。除灰采用干式气力输送除灰方式。电气系统以发电机–变压器单元接线方式接入厂内 110kV 配电装置母线，110kV 主接线采用单母线接线。热工控制系统以 DCS 为核心，通过以太网与全厂各控制系统连接，机炉电在中央控制室一体化集中控制。控制室内设置智能模拟屏。渗沥液处理是将渗沥液收集到储液池内，用泵将渗沥液提升后，用喷嘴将其喷入炉膛高温段，进行焚烧去毒除臭。

单位：t/d

指标编号				10Z-018	
项目			单位	循环流化床焚烧炉额定日处理能力	
				1200t/d 以内	占指标基价（%）
指标基价			元	281208	100.00
一、建筑安装工程费			元	112851	40.13
其中：建筑工程费（含通风空调等建筑设备）			元	75251	26.76
安装工程费（含工艺管道、电缆等）			元	37600	13.37
二、设备购置费			元	113565	40.38
三、工程建设其他费用			元	33962	12.08
四、基本预备费			元	20830	7.41
建筑安装工程费					
直接费	人工费	人工	工日	400.16	—
		措施费分摊	元	231	—
		人工费小计	元	12648	4.50
	材料费	钢筋 ϕ10 以内	kg	944.64	—
		钢筋 ϕ10 以外	kg	2808.56	—
		钢材 综合	kg	656.60	—
		水泥 综合	kg	13752.57	—
		APP 改性沥青油毡防水卷材 3+4mm	m^2	10.62	—
		镀铝锌彩色压型钢板 0.8mm	m^2	17.70	—
		铝合金隐框中空玻璃幕墙	m^2	0.55	—
		垃圾池防腐	m^2	4.10	—
		KP1 砖	块	796.44	—
		加气混凝土砌块	m^3	1.86	—
		砂子	t	26.30	—
		钢管 综合	kg	481.40	—
		电缆	m	118.81	—
		其他材料费	元	31956	—
		措施费分摊	元	2050	—
		材料费小计	元	72737	25.87
	机械费	机械费	元	6301	—
		措施费分摊	元	118	—
		机械费小计	元	6419	2.28
	直接费小计		元	91804	32.65
综合费用			元	21047	7.48
合计			元	112851	—

建筑工程分项费用

单位：元/t

序号	指标编号	10Z-18	
	名　称	费用（元）	占合计（%）
1	主厂房	30947	41.13
2	汽机厂房	8443	11.22
3	主控楼	4983	6.63
4	升压站	1658	2.20
5	煤库	4447	5.91
6	输煤栈桥	1644	2.18
7	综合泵房	1902	2.53
8	冷却塔及水池	1077	1.43
9	蓄水池（$800m^3$ 2 个）	897	1.19
10	综合楼	5209	6.92
11	地磅房（带棚）	251	0.33
12	门房	185	0.25
13	洗车房	339	0.45
14	渣廊渣库	1598	2.12
15	油泵房	111	0.15
16	飞灰固化厂房	423	0.56
17	坡道	901	1.20
18	取水泵房	626	0.83
19	烟囱	1132	1.50
20	厂区室外工程	8478	11.27
合　计		75251	100.00

工艺设备及安装工程分项费用

单位：元/t

序号	指标编号	10Z-18			
	名　称	费用（元）			占合计（%）
		设备购置费	安装工程费	小计	
1	一、热力系统	64118	16877	80995	53.59
2	垃圾焚烧系统	27105	7547	34652	22.93
3	余热利用系统	18512	1142	19654	13.00
4	烟气净化系统	18501	—	18501	12.24
5	热力系统汽水管道	—	2518	2518	1.67
6	热力系统砌筑保温油漆	—	5670	5670	3.75
7	二、燃料供应系统	10547	1264	11811	7.81
8	三、灰渣处理系统	5465	814	6279	4.15
9	四、水处理系统	1597	140	1737	1.15
10	五、供水系统	3697	2277	5974	3.95
11	六、电气系统	18755	11633	30388	20.10
12	七、热工控制系统	7899	4502	12401	8.20
13	八、附属生产工程	1487	93	1580	1.05
合　计		113565	37600	151165	100.00

2.2 分 项 指 标

2.2.1 建筑分项指标

2.2.1.1 主 厂 房

工程特征：炉排焚烧炉建筑面积 7943m²,现浇钢筋混凝土框排架结构、跨度 36+23+25+18（m）、柱距 7 m×7m、檐高 39m，人工挖土灌注桩，独立桩承台。KP1 砖墙。外墙涂料，内墙涂料、玻璃钢树脂墙面。主厂房球接点钢网架，镀铝锌彩色压型钢板，挤塑板保温 δ 50mm，1.5mm 厚绿色 PVC 防水卷材（机械固定），混凝土楼地面，钢吊车梁。垃圾池宽 16.4m，长 45.7m，池底标高–6m，C30 现浇抗渗混凝土，4mm 厚环氧稀胶泥，环氧树脂四布六涂一次贴成玻璃钢面层，环氧面漆两道。UPVC 给排水管，一般卫生洁具、消火栓系统。铸铁散热器，机械通风，分体空调。双管荧光灯，金卤灯，防爆灯。

单位：m²

指 标 编 号				10F-059	
项 目			单位	额定日处理能力 750t	占指标基价（%）
指 标 基 价			元	3743	100.00
一、建筑安装工程费			元	3681	98.34
二、设备购置费			元	62	1.66
建筑安装工程费					
直接费	人工费	人工	工日	11	—
		措施费分摊	元	7	—
		人工费小计	元	331	8.84
	材料费	钢筋 ϕ10 以内	kg	32.08	—
		钢筋 ϕ10 以外	kg	162.10	—
		钢材 综合	kg	55.88	—
		水泥 综合	kg	550.35	—
		垃圾池防腐	m²	0.40	—
		镀铝锌彩色压型钢板 0.8mm	m²	0.85	—
		1.5mm厚绿色PVC防水卷材（机械固定）	m²	0.99	—
		KP1 砖	块	20.13	—
		钢管 综合	kg	7.10	—
		其他材料费	元	835	—
		措施费分摊	元	72	—
		材料费小计	元	2384	63.69
	机械费	机械费	元	240	—
		措施费分摊	元	4	—
		机械费小计	元	244	6.52
	直接费小计		元	2959	79.05
综合费用			元	722	19.29
合 计			元	3681	—

设备购置费

序号	名称及规格	单位	数 量	单价（元）	合价（元）
1	消防水泵 37kW 2 台及水箱 V=12m³ 1 台	台	3	22000	66000
2	斜流、轴流通风 5 台 空调机 KFR-71LW 1 台	台	6	3627	21762
3	旋转式自然通风器 RZT-880	台	56	6650	372400
4	照明配电箱	台	12	2500	30000
合 计		元	—	—	490162
设备单位建筑面积指标		元/m²	—	—	62

工程特征：炉排焚烧炉建筑面积 10505m²，现浇钢筋混凝土框架结构、跨度 24.5+9+6（m）、柱距 6+7+8+9（m）、檐高 21/35.5（m），独立柱基。页岩实心砖、加气混凝土砌块墙。中空断桥铝合金窗，局部玻璃幕墙。外墙面砖，内墙涂料。主厂房球接点钢网架，镀铝锌夹心钢板屋面板，非金属骨料耐磨地面，钢吊车梁。垃圾池宽 21m，长 57m，池底标高-5m，C30 现浇抗渗混凝土，环氧砂浆面层，水泥综合基渗透型防水涂料，局部 SBS 改性沥青油毡防水卷材。PPR 给水管，UPVC 排水管，一般卫生洁具、消火栓系统、局部水喷淋系统。铸铁散热器。机械通风，局部 VRV 空调、分体空调。双管荧光灯，金卤灯。

单位：m²

指标编号				10F-060	
项目			单位	额定日处理能力 1050t	占指标基价（%）
指标基价			元	3579	100.00
一、建筑安装工程费			元	3529	98.60
二、设备购置费			元	50	1.40
建筑安装工程费					
直接费	人工费	人工	工日	10	—
		措施费分摊	元	7	—
		人工费小计	元	326	9.11
	材料费	钢筋 ϕ10 以内	kg	33.84	—
		钢筋 ϕ10 以外	kg	122.74	—
		钢材 综合	kg	39.75	—
		水泥 综合	kg	576.49	—
		镀铝锌夹心钢板（内填玻璃棉）	m²	0.50	—
		铝合金中空玻璃窗	m²	0.06	—
		垃圾池防腐	m²	0.50	—
		加气混凝土砌块	m³	0.21	—
		钢管 综合	kg	6.19	—
		防沙防雨进风百叶窗	m²	0.01	—
		其他材料费	元	940	—
		措施费分摊	元	69	—
		材料费小计	元	2380	66.50
	机械费	机械费	元	131	—
		措施费分摊	元	4	—
		机械费小计	元	135	3.77
	直接费小计		元	2841	79.38
综合费用			元	688	19.22
合计			元	3529	—

设备购置费

序号	名称及规格	单位	数量	单价（元）	合价（元）
1	玻璃钢消防水箱 V=15m³	台	1	35700	35700
2	通风机 空气幕 通风柜 多联及分体空调机	台	31	6976	216256
3	照明配电箱	台	10	2500	25000
4	客梯（五层五站）	台	1	250000	250000
合计		元	—	—	526956
设备单位建筑面积指标		元/m²	—	—	50

工程特征： 循环流化床焚烧炉建筑面积13792m^2，现浇钢筋混凝土框排架结构、跨度24+19.5+8（m）、柱距6+7（m）、檐高17.7/31.5（m）。垃圾焚烧炉为半露天布置，人工挖土灌注桩，独立桩承台。页岩实心砖、加气混凝土砌块墙。内墙乳胶漆，外墙涂料、花岗岩干挂、压型钢板、玻璃幕墙。主厂房球接点钢网架，玻璃棉毡保温，镀铝锌彩色压型钢板。非金属骨料耐磨楼地面，预制混凝土吊车梁。垃圾池宽19.5m，长63m，池底标高-5m，C35抗渗混凝土，环氧涂料面层2道，环氧玻璃钢四布六涂底层，4mm厚环氧胶泥基层。PPR给水管，UPVC排水管，一般卫生洁具、消火栓系统。铸铁散热器。荧光灯，金卤灯，工厂灯。

单位：m^2

指标编号				10F-061	
项目			单位	额定日处理能力1200t	占建筑工程费（%）
指标基价			元	2693	100.00
一、建筑安装工程费			元	2674	99.30
二、设备购置费			元	19	0.70
建筑安装工程费					
直接费	人工费	人工	工日	8	—
		措施费分摊	元	5	—
		人工费小计	元	235	8.73
	材料费	钢筋 ϕ10以内	kg	42.07	—
		钢筋 ϕ10以外	kg	119.59	—
		钢材 综合	kg	15.59	—
		水泥 综合	kg	492.65	—
		垃圾池防腐	m^2	0.36	—
		镀铝锌彩色压型钢板0.8mm	m^2	1.01	—
		APP改性沥青油毡防水卷材3+4 mm	m^2	0.26	—
		KP1砖	块	34.65	—
		其他材料费	元	702	—
		措施费分摊	元	51	—
		材料费小计	元	1817	67.47
	机械费	机械费	元	98	—
		措施费分摊	元	3	—
		机械费小计	元	101	3.75
	直接费小计		元	2153	79.95
综合费用			元	521	19.35
合计			元	2674	—

设备购置费

序号	名称及规格	单位	数量	单价（元）	合价（元）
1	消防水泵37kW 2台及水箱 V=12m^3 1台	台	3	22000	66000
2	空调机 KFR120LW 6台 新风换气机 YH-D1600 1台	台	7	10373	72611
3	风机14台、排气扇3台、通风柜1台、空气幕3台	台	21	3157	66297
4	照明配电箱	台	22	2500	55000
合计		元	—	—	259908
设备单位建筑面积指标		元/m^2	—	—	19

2.2.1.2 汽机厂房

工程特征： 建筑面积 2243m²，现浇钢筋混凝土框架结构、跨度 6+15（m）、柱距 8m×6m、檐高 17.85m。人工挖孔灌注桩、独立桩承台。模数多孔砖墙，铝合金门窗、防火门、隔声门窗。内外墙涂料。厂房实腹钢梁，镀铝锌压型钢板屋面板，PVC 防水卷材，水泥 综合、水磨石地面，钢吊车梁。附楼钢筋混凝土屋面板，憎水珍珠岩保温，APP 改性沥青油毡 3+4（mm）防水卷材，水泥 综合、地砖楼地面。汽机间离心玻璃棉、彩色穿孔板吸声做法。UPVC 给排水管，洗涤盆，消火栓系统。铸铁散热器，机械排风,分体空调器。荧光灯，金卤灯。

单位：m²

指标编号				10F-062	
项目			单位	额定日处理能力 750t	占指标基价（%）
指标基价			元	2506	100.00
一、建筑安装工程费			元	2478	98.88
二、设备购置费			元	28	1.12
建筑安装工程费					
直接费	人工费	人工	工日	8	—
		措施费分摊	元	4	—
		人工费小计	元	257	10.26
	材料费	钢筋 ϕ10 以内	kg	30.18	—
		钢筋 ϕ10 以外	kg	120.21	—
		钢材 综合	kg	15.31	—
		水泥 综合	kg	467.63	—
		APP 改性沥青油毡防水卷材 3+4 mm	m²	0.46	—
		聚氨酯防水涂料	kg	2.86	—
		镀铝锌彩色压型钢板 0.8mm	m²	0.18	—
		彩色穿孔钢板	m²	0.60	—
		铝合金隔声固定窗	m²	0.09	—
		模数砖 190×140×90	块	40.35	—
		其他材料费	元	595	—
		措施费分摊	元	50	—
		材料费小计	元	1633	65.16
	机械费	机械费	元	131	—
		措施费分摊	元	3	—
		机械费小计	元	134	5.35
	直接费小计		元	2024	80.77
综合费用			元	454	18.11
合　计			元	2478	—

设备购置费

序	名称及规格	单位	数量	单价（元）	合价（元）
1	洗浴换热器（含水泵）FGLV1200-2	台	1	44520	44520
2	斜流管道通风机 SJG-A,No4.5S	台	1	5210	5210
3	分体壁挂空调机 KF-36GW	台	2	4500	9000
4	照明配电箱	台	2	2500	5000
合　计		元	—	—	63730
设备单位建筑面积指标		元/m²	—	—	28

工程特征：建筑面积2500m²，现浇钢筋混凝土框架结构、跨度15+7（m）、柱距5+6+5.5（m）、檐高17.8/20（m），独立柱基，局部地下室。页岩实心砖墙，中空断桥铝合金窗，局部玻璃幕墙。外墙面砖，内墙涂料。厂房实腹钢梁，镀铝锌压型钢板屋面板，PVC防水卷材，非金属骨料耐磨地面，钢吊车梁。附楼钢筋混凝土屋面板，SBS（3+4）mm防水卷材，挤塑聚苯板保温，聚氨酯隔汽层。地砖楼地面。镀锌给水管，UPVC 排水管，洗涤盆，消火栓系统。铸铁散热器。防沙防雨进风百叶窗。 荧光灯，金卤灯，防爆灯。

单位：m²

指标编号				10F-063	
项　目			单位	额定日处理能力1050t	占指标基价（%）
指标基价			元	2518	100.00
一、建筑安装工程费			元	2462	97.78
二、设备购置费			元	56	2.22
建筑安装工程费					
直接费	人工费	人工	工日	8	—
		措施费分摊	元	4	—
		人工费小计	元	250	9.93
	材料费	钢筋 ϕ10以内	kg	29.60	—
		钢筋 ϕ10以外	kg	87.84	—
		钢材 综合	kg	29.17	—
		水泥 综合	kg	464.83	—
		镀铝锌彩色压型钢板 0.8mm	m²	0.34	—
		SBS改性沥青油毡防水卷材 3+4mm	m²	0.71	—
		挤塑板 50mm厚	m³	0.02	—
		明框玻璃幕墙中空玻璃	m²	0.05	—
		铝合金中空玻璃平开窗	m²	0.14	—
		KP1砖	块	113.88	—
		钢管 综合	kg	6.00	—
		防沙防雨进风百叶窗	m²	0.01	—
		其他材料费	元	589	—
		措施费分摊	元	49	—
		材料费小计	元	1699	67.47
	机械费	机械费	元	63	—
		措施费分摊	元	3	—
		机械费小计	元	66	2.62
	直接费小计		元	2015	80.02
综合费用			元	447	17.76
合　计			元	2462	—

设备购置费

序号	名称及规格	单位	数量	单价（元）	合价（元）
1	洗浴换热器（含泵）BLL-400 S=10.5m²	套	1	53200	53200
2	屋顶轴流风机 WT No12	台	8	9500	76000
3	照明配电箱	台	4	2500	10000
合　计		元	—	—	139200
设备单位建筑面积指标		元/m²	—	—	56

工程特征： 建筑面积 3901m²，现浇钢筋混凝土框架结构、跨度 24+12（m）、柱距 6m、檐高 17.8/20（m）。人工挖孔灌注桩、独立桩承台。页岩实心砖墙，铝合金中空玻璃窗。内外墙涂料。厂房球接点钢网架，玻璃棉毡保温，镀铝锌彩色压型钢板。预制混凝土吊车梁。附楼钢筋混凝土屋面板，憎水珍珠岩保温，APP 改性沥青油毡 3+4（mm）防水卷材。水泥 综合、地砖楼地面。PPR 给水管，UPVC 排水管，洗涤盆，消火栓系统。铸铁散热器。荧光灯，金卤灯，工厂灯。

单位：m^2

指标编号			10F-064	
项目		单位	额定日处理能力 1200t	占指标基价（%）
指标基价		元	2598	100.00
一、建筑安装工程费		元	2536	97.61
二、设备购置费		元	62	2.39
建筑安装工程费				
直接费	人工费			
	人工	工日	7	—
	措施费分摊	元	4	—
	人工费小计	元	221	8.51
	材料费			
	钢筋 ϕ10 以内	kg	26.27	—
	钢筋 ϕ10 以外	kg	112.38	—
	钢材 综合	kg	14.67	—
	水泥 综合	kg	461.89	—
	APP 改性沥青油毡防水卷材 3+4mm	m^2	0.14	—
	镀铝锌彩色压型钢板 0.8mm	m^2	1.05	—
	铝合金隔声固定窗	m^2	0.07	—
	铝合金隐框中空玻璃幕墙	m^2	0.06	—
	KP1 砖	块	58.95	—
	其他材料费	元	746	—
	措施费分摊	元	49	—
	材料费小计	元	1764	67.90
	机械费			
	机械费	元	88	—
	措施费分摊	元	3	—
	机械费小计	元	91	3.50
	直接费小计	元	2076	79.91
综合费用		元	460	17.70
合计		元	2536	—

设备购置费

序号	名称及规格	单位	数量	单价（元）	合价（元）
1	潜污泵 50QW-10-10-1.1	台	2	6000	12000
2	屋顶风机 WTNO12.5 7 台，轴流风机 3 台	台	10	19000	190000
3	分体式空调器 KFR-120LW/D	台	2	13800	27600
4	照明配电箱	台	4	2500	10000
	合计	元	—	—	239600
	设备单位建筑面积指标	元/m^2	—	—	62

2.2.1.3 主 控 楼

工程特征：建筑面积 1362m²，现浇钢筋混凝土框架结构、跨度 6+8（m）、柱距 5+7+6（m）、檐高 12.85m。人工挖孔桩、独立桩承台。页岩实心砖、加气混凝土砌块墙。木门、铝合金门窗、防火门。外墙、内墙涂料。钢筋混凝土屋面板，憎水珍珠岩保温、APP 改性沥青防水卷材 3+4（mm），屋面广场砖面层。水泥 综合、地砖楼地面、防静电地板。镀锌给水管，消火栓系统。铸铁散热器,机械排风,VRV 空调器系统。荧光灯，筒灯。

单位：m²

指标编号				10F-065	
项目			单位	额定日处理能力 750t	占指标基价（%）
指标基价			元	2513	100.00
一、建筑安装工程费			元	2131	84.80
二、设备购置费			元	382	15.20
建筑安装工程费					
直接费	人工费	人工	工日	7	—
		措施费分摊	元	4	—
		人工费小计	元	206	8.20
	材料费	钢筋 φ10 以内	kg	19.13	—
		钢筋 φ10 以外	kg	89.15	—
		水泥 综合	kg	342.34	—
		APP 改性沥青油毡防水卷材 3+4mm 厚	m²	0.63	—
		矿棉吸声板	m²	0.58	—
		铝合金活动地板	m²	0.32	—
		铝合金方板	m²	0.28	—
		组合型广场砖	m²	0.43	—
		铝合金单玻推拉门	m²	0.13	—
		KP1 砖	块	17.45	—
		钢管 综合	kg	7.34	—
		其他材料费	元	558	—
		措施费分摊	元	42	—
		材料费小计	元	1428	56.82
	机械费	机械费	元	91	—
		措施费分摊	元	2	—
		机械费小计	元	93	3.70
	直接费小计		元	1727	68.72
综合费用			元	404	16.08
合 计			元	2131	—

设备购置费

序号	名称及规格	单位	数量	单价（元）	合价（元）
1	电开水器 N=9kW	台	1	4500	4500
2	变频多联空调机（外机 4 台内机 41 台）	套	1	487550	487550
3	排气扇、轴流式通风机	台	10	1329	13290
4	照明配电箱	台	6	2500	15000
合 计		元	—	—	520340
设备单位建筑面积指标		元/m²	—	—	382

工程特征：建筑面积 1753m^2，现浇钢筋混凝土框架结构、跨度 6+7+7.5（m）、柱距 7+7.8+7.2（m）、檐高 12m。独立柱基。页岩实心砖、加气混凝土砌块墙。中空断桥铝合金窗，局部玻璃幕墙。外墙面砖，内墙涂料。钢筋混凝土屋面板，SBS 3+4（mm）防水卷材，挤塑聚苯板保温，聚氨酯隔汽层。地砖、花岗岩楼地面。镀锌给水管，消火栓系统。铸铁散热器。机械通风，VRV 空调系统、分体空调。荧光灯，筒灯。

单位：m^2

指标编号				10F-066	
项目			单位	额定日处理能力 1050t	占指标基价（%）
指标基价			元	2514	100.00
一、建筑安装工程费			元	2195	87.31
二、设备购置费			元	319	12.69
建筑安装工程费					
直接费	人工费	人工	工日	9	—
		措施费分摊	元	4	—
		人工费小计	元	279	11.10
	材料费	钢筋 ϕ10 以内	kg	40.05	—
		钢筋 ϕ10 以外	kg	52.95	—
		钢材 综合	kg	1.72	—
		水泥 综合	kg	416.73	—
		SBS 改性沥青油毡防水卷材 3+4mm	m^2	0.85	—
		挤塑板 50mm 厚	m^3	0.03	—
		花岗岩楼地面	m^2	0.67	—
		明框玻璃幕墙中空玻璃	m^2	0.04	—
		铝合金中空玻璃窗	m^2	0.09	—
		加气混凝土砌块	m^3	0.16	—
		其他材料费	元	571	—
		措施费分摊	元	44	—
		材料费小计	元	1458	58.00
	机械费	机械费	元	45	—
		措施费分摊	元	3	—
		机械费小计	元	47	1.87
	直接费小计		元	1784	70.97
综合费用			元	411	16.34
合　　计			元	2195	—

设备购置费

序号	名称及规格	单位	数量	单价（元）	合价（元）
1	变频多联空调机（外机 2 台内机 32 台）	套	1	518000	518000
2	轴流式通风机,排气扇,壁挂空调机	台	14	2371	33194
3	照明配电箱	台	3	2500	7500
合　　计		元	—	—	558694
设备单位建筑面积指标		元/m^2	—	—	319

工程特征：建筑面积 3369m²，现浇钢筋混凝土框架结构、跨度 6+7（m）、柱距 6m、檐高 13.4m。人工挖孔桩、独立桩承台。页岩实心砖、加气混凝土砌块墙。钢门、木门、防火门、铝合金中空玻璃窗。内墙乳胶漆、外墙涂料、花岗岩干挂、玻璃幕墙、压型钢板。钢筋混凝土屋面板，APP 改性沥青防水卷材 3+4（mm），憎水珍珠岩保温、种植屋面。花岗岩、地砖楼地面。镀锌给水管，消火栓系统。铸铁散热器。分体式空调器，机械排风。荧光灯，筒灯。

单位：m²

指标编号				10F-067	
项目			单位	额定日处理能力 1200t	占指标基价（%）
指标基价			元	1775	100.00
一、建筑安装工程费			元	1744	98.25
二、设备购置费			元	31	1.75
建筑安装工程费					
直接费	人工费	人工	工日	6	—
		措施费分摊	元	4	—
		人工费小计	元	186	10.48
	材料费	钢筋 ϕ10 以内	kg	22.35	—
		钢筋 ϕ10 以外	kg	81.22	—
		钢材 综合	kg	3.33	—
		水泥 综合	kg	337.51	—
		APP 改性沥青油毡防水卷材 3+4mm	m²	0.71	—
		榉木贴面装饰门带门框	m²	0.02	—
		磨光花岗石	m²	0.06	—
		地面砖	m²	0.74	—
		加气混凝土砌块	m³	0.12	—
		其他材料费	元	493	—
		措施费分摊	元	35	—
		材料费小计	元	1165	65.63
	机械费	机械费	元	71	—
		措施费分摊	元	2	—
		机械费小计	元	73	4.11
	直接费小计		元	1424	80.22
综合费用			元	320	18.03
合计			元	1744	—

设备购置费

序号	名称及规格	单位	数量	单价（元）	合价（元）
1	吊顶式新风换气机 YH-D1600	台	1	15000	15000
2	分体式空调器 KFR-250LW～36GW	台	17	3231	54927
3	斜流风机 NO 7.0S 2 台，轴流风机 1 台	台	3	7554	22662
4	照明配电箱	台	4	2500	10000
合计		元	—	—	102589
设备单位建筑面积指标		元/m²	—	—	31

2.2.1.4 升 压 站

35kV

工程特征： 建筑面积 150m²，现浇钢筋混凝土框架结构、跨度 6m、柱距 7.5m、檐高 7.3m，独立柱基。页岩实心砖、加气混凝土砌块墙。铝合金窗，防火门。外墙涂料，内墙涂料。钢筋混凝土屋面板，SBS 3+4（mm）防水卷材，挤塑聚苯板保温，聚氨酯隔汽层。水泥 综合砂浆地面。手提干粉灭火器。防沙防雨进风百叶窗。工厂灯。

单位：m²

指标编号				10F-068	
项 目			单位	额定日处理能力 1050t	占指标基价（%）
指 标 基 价			元	2946	100.00
一、建筑安装工程费			元	2883	97.86
二、设备购置费			元	63	2.14
建筑安装工程费					
直接费	人工费	人工	工日	8	—
		措施费分摊	元	4	—
		人工费小计	元	265	9.00
	材料费	钢筋 ϕ10 以内	kg	41.00	—
		钢筋 ϕ10 以外	kg	54.60	—
		钢材 综合	kg	8.47	—
		水泥 综合	kg	423.93	—
		防火门	m²	0.05	—
		铝合金中空玻璃窗	m²	0.11	—
		SBS 改性沥青油毡防水卷材 3+4mm	m²	1.33	—
		挤塑板 50mm 厚	m³	0.05	—
		加气混凝土砌块	m³	0.48	—
		防沙防雨进风百叶窗	m²	0.23	—
		其他材料费	元	589	—
		措施费分摊	元	44	—
		材料费小计	元	2129	72.26
	机械费	机械费	元	24	—
		措施费分摊	元	3	—
		机械费小计	元	27	0.92
	直接费小计		元	2421	82.18
综合费用			元	462	15.68
合 计			元	2883	—

设备购置费

序号	名称及规格	单位	数量	单价（元）	合价（元）
1	轴流式通风机 NO4	台	3	1500	4500
2	照明配电箱	台	2	2500	5000
合 计		元	—	—	9500
设备单位建筑面积指标		元/m²	—	—	63

110kV

工程特征： 建筑面积 1053m²，现浇钢筋混凝土框架结构、跨度 6m、柱距 3.6m、6.5m、檐高 15.3m。人工挖孔桩、独立桩承台。加气混凝土砌块墙。断桥铝合金中空玻璃窗，防火门。外墙涂料，内墙乳胶漆。钢筋混凝土屋面板，APP 改性沥青防水卷材 3+4（mm），憎水珍珠岩保温、聚氨酯隔汽层。水泥综合砂浆地面。手提干粉灭火器。防沙防雨进风百叶窗，机械排风。工厂灯。

单位：m²

指标编号				10F-069	
项目			单位	额定日处理能力 1200t/d	占指标基价（%）
指标基价			元	1890	100.00
一、建筑安装工程费			元	1866	98.73
二、设备购置费			元	24	1.27
建筑安装工程费					
直接费	人工费	人工	工日	6	—
		措施费分摊	元	3	—
		人工费小计	元	194	10.26
	材料费	钢筋 ϕ10 以内	kg	24.16	—
		钢筋 ϕ10 以外	kg	90.48	—
		钢材 综合	kg	3.12	—
		水泥 综合	kg	368.01	—
		APP 改性沥青油毡防水卷材 3+4mm	m²	0.73	—
		铝合金全玻平开门	m²	0.09	—
		加气混凝土砌块	m²	0.40	—
		其他材料费	元	520	—
		措施费分摊	元	36	—
		材料费小计	元	1262	66.78
	机械费	机械费	元	70	—
		措施费分摊	元	2	—
		机械费小计	元	72	3.81
	直接费小计		元	1528	80.85
综合费用			元	338	17.88
合计			元	1866	—

设备购置费

序号	名称及规格	单位	数量	单价（元）	合价（元）
1	轴流式通风机 NO6.3 NO3.55 各 6 台	台	12	1500	18000
2	照明配电箱	台	3	2500	7500
合计		元	—	—	25500
设备单位建筑面积指标		元/m²	—	—	24

2.2.1.5 综合楼

工程特征：建筑面积 745m²，现浇钢筋混凝土框架结构、跨度 7.2+6.9+3+9（m）、柱距 5.7+6.3+3.3（m）、檐高 9.9m，独立柱基。黏土空心砖墙，外墙挂贴铝塑板局部玻璃幕墙，内墙涂料、贴瓷砖，铝合金门窗。钢筋混凝土屋面板，憎水膨胀珍珠岩保温，APP 改性沥青油毡防水卷材，预制混凝土板架空层屋面。地砖、大理石地面。CPVC 给水管，UPVC 排水管，一般洁具，消火栓系统,铸铁散热器，VRV 中央空调系统。荧光灯，筒灯。

单位：m²

指标编号				10F-070	
项目			单位	额定日处理能力 750t	占指标基价（%）
指标基价			元	3049	100.00
一、建筑安装工程费			元	2593	85.04
二、设备购置费			元	456	14.96
建筑安装工程费					
直接费	人工费	人工	工日	6	—
		措施费分摊	元	5	—
		人工费小计	元	202	6.63
	材料费	钢筋 ϕ10 以内	kg	21.14	—
		钢筋 ϕ10 以外	kg	74.04	—
		钢材 综合	kg	3.18	—
		水泥 综合	kg	332.75	—
		铝合金双玻推拉窗	m²	0.23	—
		带铝合金隐框中空玻璃	m²	0.12	—
		铝合金龙骨	m²	1.09	—
		APP 改性沥青油毡防水卷材 3+4mm	m²	0.56	—
		铝塑板	m²	0.79	—
		大理石板 0.25m² 以外	m²	0.46	—
		KP1 砖	块	57.06	—
		其他材料费	元	703	—
		措施费分摊	元	53	—
		材料费小计	元	1789	58.67
	机械费	机械费	元	113	—
		措施费分摊	元	3	—
		机械费小计	元	116	3.80
	直接费小计		元	2107	69.10
综合费用			元	486	15.94
合计			元	2593	—

设备购置费

序号	名称及规格	单位	数量	单价（元）	合价（元）
1	电开水器 9kW	台	1	4500	4500
2	排气扇 BPT18-44A	台	4	896	3584
3	变频多联空调机（外机 3 台内机 27 台）	套	1	324450	324450
4	照明配电箱	台	3	2500	7500
合计		元	—	—	340034
设备单位建筑面积指标		元/m²	—	—	456

工程特征：建筑面积1659m²，现浇钢筋混凝土框架结构、跨度8m、柱距7.2+8（m）、檐高9.3m，独立柱基。加气混凝土砌块墙。中空断桥铝合金窗。木门、铝合金门。外墙面砖，内墙涂料。钢筋混凝土屋面板，SBS 3+4（mm）防水卷材，挤塑聚苯板保温，聚氨酯隔汽层。地砖、花岗岩楼地面。PPR给水管，UPVC排水管，一般洁具，消火栓系统,铸铁散热器，机械排风，分体空调，荧光灯，筒灯。

单位：m²

指标编号				10F-071	
项目			单位	额定日处理能力1050t	占指标基价（%）
指标基价			元	2231	100.00
一、建筑安装工程费			元	2080	93.23
二、设备购置费			元	151	6.77
建筑安装工程费					
直接费	人工费	人工	工日	7	—
		措施费分摊	元	4	—
		人工费小计	元	222	9.95
	材料费	钢筋 φ10以内	kg	43.03	—
		钢筋 φ10以外	kg	86.05	—
		钢材 综合	kg	2.16	—
		水泥 综合	kg	300.49	—
		铝合金中空玻璃门	m²	0.05	—
		铝合金中空玻璃窗	m²	0.15	—
		石膏板	m²	0.83	—
		SBS改性沥青油毡防水卷材3+4mm	m²	0.88	—
		挤塑板50mm厚	m³	0.03	—
		花岗岩楼地面	m²	0.68	—
		加气混凝土砌块	m³	0.34	—
		阀门	个	0.03	—
		其他材料费	元	419	—
		措施费分摊	元	42	—
		材料费小计	元	1436	64.36
	机械费	机械费	元	35	—
		措施费分摊	元	2	—
		机械费小计	元	37	1.66
	直接费小计		元	1695	75.97
综合费用			元	385	17.26
合计			元	2080	—

设备购置费

序号	名称及规格	单位	数量	单价（元）	合价（元）
1	太阳能热水器SPQB-20/150 2kW	台	2	5000	10000
2	通风空调设备（含9kW开水器2个）	台	45	5192	233640
3	照明配电箱	台	3	2500	7500
合计		元	—	—	251140
设备单位建筑面积指标		元/m²	—	—	151

工程特征：建筑面积 3091m²，现浇钢筋混凝土框架结构、跨度 6.6+15（m）、柱距 6m、檐高 15.9m，人工挖孔桩、独立桩承台。加气混凝土砌块外墙。外墙涂料、部分挂贴铝塑板局部玻璃幕墙，内墙高级乳胶漆、铝合金中空玻璃门窗。钢筋混凝土屋面板，APP 改性沥青油毡防水卷材 4+3（mm）厚，憎水珍珠岩保温板 100mm 厚，聚氨酯隔汽层，种植屋面。花岗岩地面。CPVC 给水管，UPVC 排水管，一般洁具，消火栓系统,铸铁散热器，分体式空调器，荧光灯，筒灯。

单位：m²

指标编号				10F-072	
项目			单位	额定日处理能力 1200t	占指标基价（%）
指标基价			元	2029	100.00
一、建筑安装工程费			元	1911	94.18
二、设备购置费			元	118	5.82
建筑安装工程费					
直接费	人工费	人工	工日	6	—
		措施费分摊	元	3	—
		人工费小计	元	175	8.62
	材料费	钢筋 φ10 以内	kg	14.25	—
		钢筋 φ10 以外	kg	46.72	—
		钢材 综合	kg	0.00	—
		水泥 综合	kg	220.43	—
		APP 改性沥青油毡防水卷材 3+4mm	m²	0.42	—
		加气混凝土块	m²	0.15	—
		花岗石板 0.25m² 以外	m²	1.00	—
		铝单板	m²	0.09	—
		铝合金隐框中空玻璃幕墙	m²	0.11	—
		铝合金中空玻璃平开窗	m²	0.11	—
		钢管 综合	kg	5.15	—
		其他材料费	元	536	—
		措施费分摊	元	37	—
		材料费小计	元	1310	64.56
	机械费	机械费	元	71	—
		措施费分摊	元	2	—
		机械费小计	元	73	3.60
	直接费小计		元	1558	76.78
综合费用			元	353	17.40
合计			元	1911	—

设备购置费

序号	名称及规格	单位	数量	单价（元）	合价（元）
1	电开水器 9kW	台	4	4500	18000
2	排气扇 BPT15-23C	台	8	300	2400
3	分体式空调器 KFR-71LW/D	套	39	8500	331500
4	照明配电箱	台	5	2500	12500
合计		元	—	—	364400
设备单位建筑面积指标		元/m²	—	—	118

2.2.1.6 职工宿舍及食堂

工程特征：建筑面积1236m^2，现浇钢筋混凝土框架结构、跨度7.2+3+5.7（m）、柱距5.7+2.1+7.2（m）、檐高9.9m，独立柱基。黏土空心砖墙，内墙涂料、贴瓷砖，外墙涂料,木门、铝合金门窗。钢筋混凝土屋面板，憎水膨胀珍珠岩保温，APP改性沥青油毡防水卷材，预制混凝土板架空层屋面。地砖楼地面。CPVC给水管，UPVC排水管，一般洁具，消火栓系统。铸铁散热器,机械通风、分体壁挂空调器，荧光灯，筒灯。

单位：m^2

指标编号			单位	10F-073	
项目			单位	额定日处理能力750t	占指标基价（%）
指标基价			元	1918	100.00
一、建筑安装工程费			元	1841	95.99
二、设备购置费			元	77	4.01
建筑安装工程费					
直接费	人工费	人工	工日	6	—
		措施费分摊	元	4	—
		人工费小计	元	181	9.44
	材料费	钢筋 ϕ10以内	kg	16.75	—
		钢筋 ϕ10以外	kg	54.30	—
		钢材 综合	kg	1.62	—
		水泥 综合	kg	278.30	—
		铝合金单玻推拉窗	m^2	0.14	—
		铝合金半玻平开门	m^2	0.09	—
		实木装饰门带门框	m	0.08	—
		APP改性沥青油毡防水卷材3+4mm	m^2	0.45	—
		地面砖0.16m^{2}以内	m^2	0.77	—
		KP1砖	块	92.93	—
		钢管 综合	kg	6.47	—
		其他材料费	元	574	—
		措施费分摊	元	36	—
		材料费小计	元	1218	63.51
	机械费	机械费	元	103	—
		措施费分摊	元	2	—
		机械费小计	元	105	5.47
	直接费小计		元	1504	78.42
综合费用			元	337	17.57
合计			元	1841	—

设备购置费

序号	名称及规格	单位	数量	单价（元）	合价（元）
1	电开水器 9kW	台	1	4500	4500
2	斜流、轴流风机各1台， 排气扇18台	台	20	1133	22660
3	分体壁挂空调器	台	14	3777	52878
4	照明配电箱	台	6	2500	15000
	合计	元	—	—	95038
	设备单位建筑面积指标	元/m^2	—	—	77

2.2.1.7　煤　库

工程特征： 建筑面积 2843m²，现浇钢筋混凝土排架结构，跨度 30m、柱距 6m、檐高 15m。独立柱基。球接点钢网架屋面，镀铝锌钢板 0.8mm 厚。预制混凝土吊车梁。细石混凝土地面。铝合金玻璃窗。内墙涂料，外墙涂料、压型钢板。铸铁散热器。荧光灯，金卤灯。

单位：m^2

指标编号				10F-074	
项　目			单位	额定日处理能力 1200t	占指标基价（%）
指 标 基 价			元	1877	100.00
一、建筑安装工程费			元	1875	99.89
二、设备购置费			元	2	0.11
建筑安装工程费					
直接费	人工费	人工	工日	3	—
		措施费分摊	元	3	—
		人工费小计	元	91	4.85
	材料费	钢筋　ϕ10 以内	kg	31.98	—
		钢筋　ϕ10 以外	kg	35.31	—
		钢材　综合	kg	37.76	—
		水泥　综合	kg	226.79	—
		银灰色镀铝锌压型钢板	m^2	1.12	—
		钢结构薄型防火涂料	m^2	0.01	—
		铝合金单玻平开门	m^2	0.03	—
		其他材料费	元	483	—
		措施费分摊	元	36	—
		材料费小计	元	1343	71.55
	机械费	机械费	元	98	—
		措施费分摊	元	2	—
		机械费小计	元	100	5.33
	直接费小计		元	1534	81.73
综合费用			元	341	18.16
合　　计			元	1875	—

设备购置费

序号	名称及规格	单位	数量	单价（元）	合价（元）
1	潜水泵　50QW-7-1200-0.75	台	1	2500	2500
2	照明配电箱	台	1	2500	2500
合　　计		元	—	—	5000
设备单位建筑面积指标		元/m^2	—	—	2

2.2.1.8 输煤栈桥

工程特征：建筑面积633m²，现浇钢筋混凝土框架结构，跨度2.9+7（m）、柱距9.5m、檐高16.9m。独立柱基。页岩实心砖墙。钢筋混凝土屋面板，APP改性沥青防水卷材3+4（mm），憎水珍珠岩保温、聚氨酯隔汽层。水泥 综合砂浆地面。铝合金玻璃窗。内墙外墙涂料。荧光灯，金卤灯。

单位：m²

指标编号				10F-075	
项目			单位	额定日处理能力1200t	占指标基价（%）
指标基价			元	3115	100.00
一、建筑安装工程费			元	3111	99.87
二、设备购置费			元	4	0.13
建筑安装工程费					
直接费	人工费	人工	工日	10	—
		措施费分摊	元	6	—
		人工费小计	元	327	10.50
	材料费	钢筋 ϕ10以内	kg	50.27	—
		钢筋 ϕ10以外	kg	164.04	—
		钢材 综合	kg	3.82	—
		水泥 综合	kg	812.26	—
		KP1砖	块	112.05	—
		APP改性沥青防水卷材3+4mm	m²	0.86	—
		其他材料费	元	850	—
		措施费分摊	元	61	—
		材料费小计	元	2110	67.74
	机械费	机械费	元	102	—
		措施费分摊	元	3	—
		机械费小计	元	105	3.37
	直接费小计		元	2542	81.61
综合费用			元	569	18.26
合计			元	3111	—

设备购置费

序号	名称及规格	单位	数量	单价（元）	合价（元）
1	照明配电箱	台	1	2500	2500
合计		元	—	—	2500
设备单位建筑面积指标		元/m²	—	—	4

2.2.1.9 渣廊渣库

工程特征： 建筑面积 647m²，现浇钢筋混凝土框架结构，跨度 5+4+2.4（m）、柱距 8m、檐高 12m。独立柱基。页岩实心砖、加气混凝土砌块墙。钢筋混凝土屋面板，APP 改性沥青防水卷材 3+4（mm），憎水珍珠岩保温、聚氨酯隔汽层。水泥 综合砂浆地面，外墙涂料，钢制吊车梁。铸铁散热器。荧光灯，金卤灯。

单位：m²

指标编号				10F-076	
项目			单位	额定日处理能力 1200t（合计）	占指标基价（%）
指标基价			元	2963	100.00
一、建筑安装工程费			元	2959	99.87
二、设备购置费			元	4	0.13
建筑安装工程费					
直接费	人工费	人工	工日	8	—
		措施费分摊	元	6	—
		人工费小计	元	266	8.98
	材料费	钢筋 ϕ10 以内	kg	59.07	—
		钢筋 ϕ10 以外	kg	199.97	—
		钢材 综合	kg	12.46	—
		水泥 综合	kg	701.19	—
		KP1 砖	块	67.67	—
		APP 改性沥青油毡防水卷材 3+4mm	m²	0.59	—
		其他材料费	元	703	—
		措施费分摊	元	58	—
		材料费小计	元	2057	69.42
	机械费	机械费	元	96	—
		措施费分摊	元	3	—
		机械费小计	元	99	3.34
	直接费小计		元	2422	81.74
综合费用			元	537	18.13
合　计			元	2959	—

设备购置费

序号	名称及规格	单位	数量	单价（元）	合价（元）
1	照明配电箱	台	1	2500	2500
合　计		元	—	—	2500
设备单位建筑面积指标		元/m²	—	—	4

2.2.1.10 飞灰固化厂房

工程特征：建筑面积 153m^2，现浇钢筋混凝土框架结构、跨度 12m、柱距 6+9（m）、檐高 14m，独立柱基，满堂基础。钢筋混凝土屋面板，SBS 3+4（mm）防水卷材。水泥 综合砂浆地面。无墙有设备基础。ϕ6000 钢制灰仓 200m^3 及 ϕ3000 钢制水泥 综合储仓 V=30m^3 基础及钢筋混凝土框架各 1 个。镀锌给水管，UPVC 排水管，地漏。配照型防尘工厂灯，配电箱。

单位：m^2

指标编号				10F-077	
项目			单位	额定日处理能力 1050t	占指标基价（%）
指标基价			元	3245	100.00
一、建筑安装工程费			元	3229	99.51
二、设备购置费			元	16	0.49
建筑安装工程费					
直接费	人工费	人工	工日	15	—
		措施费分摊	元	6	—
		人工费小计	元	474	14.61
	材料费	钢筋 ϕ10 以内	kg	65.42	—
		钢筋 ϕ10 以外	kg	83.99	—
		钢材 综合	kg	23.40	—
		水泥 综合	kg	1328.56	—
		SBS 改性沥青油毡防水卷材 3+4mm 厚	m^2	2.95	—
		其他材料费	元	722	—
		措施费分摊	元	66	—
		材料费小计	元	2096	64.59
	机械费	机械费	元	77	—
		措施费分摊	元	4	—
		机械费小计	元	81	2.50
	直接费小计		元	2651	81.70
综合费用			元	578	17.81
合计			元	3229	—

设备购置费

序号	名称及规格	单位	数量	单价（元）	合价（元）
1	照明配电箱	台	1	2500	2500
合计		元	—	—	2500
设备单位建筑面积指标		元/m^2	—	—	16

工程特征： 建筑面积 128m^2，现浇钢筋混凝土框架结构、跨度 12m、柱距 6m、檐高 14m，独立柱基。钢筋混凝土屋面板，SBS 3+4（mm）防水卷材。细石混凝土地面。无墙有设备基础。ϕ6000 钢制灰仓 200m^3 及 ϕ3000 钢制水泥 综合储仓 V=50m^3 基础及钢筋混凝土框架各 1 个。镀锌给水管，UPVC 排水管，地漏。配照型防尘工厂灯，配电箱。

单位：m^2

指标编号				10F-078	
项目			单位	额定日处理能力 1200t	占指标基价（%）
指标基价			元	3972	100.00
一、建筑安装工程费			元	3952	99.50
二、设备购置费			元	20	0.50
建筑安装工程费					
直接费	人工费	人工	工日	11	—
		措施费分摊	元	8	—
		人工费小计	元	334	8.41
	材料费	钢筋 ϕ10 以内	kg	70.70	—
		钢筋 ϕ10 以外	kg	311.02	—
		钢材 综合	kg	7.42	—
		水泥 综合	kg	971.17	—
		APP 改性沥青油毡防水卷材 3+4mm	m^2	1.35	—
		其他材料费	元	891	—
		措施费分摊	元	78	—
		材料费小计	元	2792	70.29
	机械费	机械费	元	104	—
		措施费分摊	元	4	—
		机械费小计	元	108	2.72
	直接费小计		元	3234	81.42
综合费用			元	718	18.08
合计			元	3952	—

设备购置费

序号	名称及规格	单位	数量	单价（元）	合价（元）
1	照明配电箱	台	1	2500	2500
合计		元	—	—	2500
设备单位建筑面积指标		元/m^2	—	—	20

2.2.1.11 循环水泵房及冷却塔

工程特征： 建筑面积 315m^2，现浇钢筋混凝土框架结构、跨度 4.8+6（m）、柱距 9+3（m）、檐高 4.9m，带地下室，地下室标高-2m。钢吊车梁。页岩实心砖。钢质隔声门窗。外墙涂料，泵房间内墙为压型钢板吸声内墙，其他房间内墙涂料。钢筋混凝土屋面板，憎水珍珠岩保温，APP 改性沥青油毡 3+4（mm）防水卷材。水泥 综合砂浆地面。室外冷却塔 2 台，每台水量 Q=2500m^3/h，地上部分为钢筋混凝土框架，地下为钢筋混凝土循环水池，池底标高-2.2m。铸铁散热器，机械通风，荧光灯，金卤灯。

单位：m^2

指标编号				10F-079	
项目			单位	额定日处理能力 750t	占指标基价（%）
指标基价			元	4408	100.00
一、建筑安装工程费			元	4372	99.18
二、设备购置费			元	36	0.82
建筑安装工程费					
直接费	人工费	人工	工日	14	—
		措施费分摊	元	8	—
		人工费小计	元	427	9.69
	材料费	钢筋 ϕ10 以内	kg	52.38	—
		钢筋 ϕ10 以外	kg	220.60	—
		钢材 综合	kg	12.25	—
		水泥 综合	kg	902.29	—
		APP 改性沥青油毡防水卷材 3+4mm	m^2	2.59	—
		憎水膨胀珍珠岩块	m^3	0.09	—
		KP1 砖	块	153.84	—
		其他材料费	元	1024	—
		措施费分摊	元	90	—
		材料费小计	元	2646	60.02
	机械费	机械费	元	497	—
		措施费分摊	元	5	—
		机械费小计	元	502	11.39
	直接费小计		元	3575	81.10
综合费用			元	797	18.08
合　计			元	4372	—

设备购置费

序号	名称及规格	单位	数量	单价（元）	合价（元）
1	防腐轴流式通风机 NO3.0	台	2	3920	7840
2	轴流风机 NO4.5	台	1	1100	1100
3	照明配电箱	台	1	2500	2500
合　计		元	—	—	11440
设备单位建筑面积指标		元/m^2	—		36

工程特征： 建筑面积 365m²，现浇钢筋混凝土框架结构、跨度 9m、柱距 4.8m、檐高 4.9m，钢筋混凝土地下室，地下室标高–2.5m。钢吊车梁。页岩实心砖。钢质隔声门窗。外墙涂料，内墙涂料。钢筋混凝土屋面板，SBS 3+4（mm）防水卷材，挤塑聚苯板保温，聚氨酯隔汽层。水泥 综合砂浆地面。冷却塔 2 台，每台水量 Q=2500m³/h，钢混结构，设地下水池。机械排风，分体空调，荧光灯，金卤灯。

单位：m²

指标编号				10F-080	
项目			单位	额定日处理能力 1050t	占指标基价（%）
指标基价			元	4031	100.00
一、建筑安装工程费			元	3982	98.78
二、设备购置费			元	49	1.22
建筑安装工程费					
直接费	人工费	人工	工日	15	—
		措施费分摊	元	7	—
		人工费小计	元	478	11.86
	材料费	钢筋 φ10 以内	kg	109.26	—
		钢筋 φ10 以外	kg	273.15	—
		钢材 综合	kg	64.74	—
		水泥 综合	kg	1112.25	—
		SBS 改性沥青油毡防水卷材 3+4mm	m²	1.05	—
		挤塑板 50mm 厚	m³	0.04	—
		KP1 砖	块	116.25	—
		其他材料费	元	563	—
		措施费分摊	元	80	—
		材料费小计	元	2609	64.72
	机械费	机械费	元	182	—
		措施费分摊	元	5	—
		机械费小计	元	187	4.64
	直接费小计		元	3274	81.22
综合费用			元	708	17.56
合计			元	3982	—

设备购置费

序号	名称及规格	单位	数量	单价（元）	合价（元）
1	防腐轴流风机 NO3.5	台	6	1368	8208
2	分体壁挂空调机 KFR–36GW	台	1	4500	4500
3	照明配电箱	台	2	2500	5000
合计		元	—	—	17708
设备单位建筑面积指标		元/m²	—	—	49

2.2.1.12　加压泵房及蓄水池

工程特征：建筑面积 95m²，砖混结构，檐高 3.9m，带钢筋混凝土地下室，地下室标高−1.9m。钢吊车梁。页岩实心砖墙。钢质隔声门窗。外墙涂料，内墙涂料。钢筋混凝土屋面板，APP 3+4（mm）防水卷材，憎水珍珠岩保温。水泥 综合砂浆地面。蓄水池为 1000m³ 半地下钢筋混凝土水池 2 座，池底标高−1.9m，地上 5.1m。铸铁散热器。荧光灯，配照型工厂灯。

单位：m²

指 标 编 号				10F-081	
项　目			单位	额定日处理能力 750t	占指标基价（%）
指 标 基 价			元	15680	100.00
一、建筑安装工程费			元	15626	99.66
二、设备购置费			元	54	0.34
建筑安装工程费					
直接费	人工费	人工	工日	38.44	—
		措施费分摊	元	29	—
		人工费小计	元	1222	7.79
	材料费	钢筋　ϕ10 以内	kg	230.63	—
		钢筋　ϕ10 以外	kg	898.42	—
		钢材 综合	kg	1.47	—
		水泥 综合	kg	2960.74	—
		APP 改性沥青油毡防水卷材 4mm 厚	m²	18.43	—
		SBS 改性沥青油毡防水卷材 3+4mm	m²	6.81	—
		挤塑板 50mm 厚	m³	0.48	—
		KP1 砖	块	368.00	—
		其他材料费	元	3778	—
		措施费分摊	元	316	—
		材料费小计	元	10264	65.46
	机械费	机械费	元	1333	—
		措施费分摊	元	18	—
		机械费小计	元	1351	8.62
	直接费小计		元	12837	81.87
综合费用			元	2789	17.79
合　　计			元	15626	—

设备购置费

序号	名称及规格	单位	数量	单价（元）	合价（元）
1	防腐轴流式通风机 NO2.8	台	2	1300	2600
2	照明配电箱	台	1	2500	2500
合　　计		元	—	—	5100
设备单位建筑面积指标		元/m²	—	—	54

2.2.1.13 综合泵房及水池

工程特征： 建筑面积 119m²，现浇钢筋混凝土框架结构，檐高 3.8m，钢筋混凝土地下室，地下室标高-2.5m。钢吊车梁。页岩实心砖墙。钢质隔声门窗。外墙涂料，内墙涂料。钢筋混凝土屋面板，SBS 3+4（mm）防水卷材，挤塑聚苯板保温，聚氨酯隔汽层。水泥 综合砂浆地面。另配有钢混结构一体化原水预处理构筑物 1 座。水池为 800m³ 钢筋混凝土蓄水池 2 座。机械排风，荧光灯，配照型工厂灯。

单位：m²

指 标 编 号				10F-082	
项 目			单位	额定日处理能力 1050t	占指标基价（%）
指 标 基 价			元	8957	100.00
一、建筑安装工程费			元	8871	99.04
二、设备购置费			元	86	0.96
建筑安装工程费					
直接费	人工费	人工	工日	32	—
		措施费分摊	元	17	—
		人工费小计	元	996	11.12
	材料费	钢筋 ϕ10 以内	kg	195.55	—
		钢筋 ϕ10 以外	kg	321.93	—
		钢材 综合	kg	12.44	—
		水泥 综合	kg	3026.97	—
		钢质隔声窗	m²	0.22	—
		SBS 改性沥青油毡防水卷材 4mm 厚	m²	2.80	—
		SBS 改性沥青油毡防水卷材 3+4mm 厚	m²	1.32	—
		挤塑板 50mm 厚	m³	0.05	—
		KP1 砖	块	176.81	—
		其他材料费	元	2367	—
		措施费分摊	元	179	—
		材料费小计	元	5897	65.84
	机械费	机械费	元	390	—
		措施费分摊	元	10	—
		机械费小计	元	400	4.47
	直接费小计		元	7293	81.43
综合费用			元	1578	17.61
合 计			元	8871	—

设备购置费

序号	名称及规格	单位	数量	单价（元）	合价（元）
1	防腐轴流式通风机 NO2.8	台	4	1300	5200
2	照明配电箱	台	2	2500	5000
合 计		元	—	—	10200
设备单位建筑面积指标		元/m²	—	—	86

2.2.1.14 综合泵房

工程特征：建筑面积 468m²，现浇钢筋混凝土框架结构、跨度 9m、柱距 9m、檐高 8.1m。砖条形基础带钢筋混凝土地下室。页岩实心砖墙。钢质隔声门窗。外墙涂料，内墙乳胶漆。钢筋混凝土屋面板，APP 改性沥青油毡防水卷材 4+3（mm）厚，憎水珍珠岩保温板 100mm 厚，聚氨酯隔汽层。水泥 综合砂浆地面。机械排风。荧光灯，配照型工厂灯。

单位：m²

指标编号				10F-083	
项目			单位	额定日处理能力 1200t	占指标基价（%）
指标基价			元	4880	100.00
一、建筑安装工程费			元	4861	99.61
二、设备购置费			元	19	0.39
建筑安装工程费					
直接费	人工费	人工	工日	59	—
		措施费分摊	元	9	—
		人工费小计	元	1846	37.83
	材料费	钢筋 ϕ10 以内	kg	59.00	—
		钢筋 ϕ10 以外	kg	122.63	—
		钢材 综合	kg	3.46	—
		水泥 综合	kg	641.18	—
		KP1 砖	块	86.13	—
		APP 改性沥青油毡防水卷材 3+4mm	m²	1.37	—
		聚氨酯防水涂料	kg	3.65	—
		铝合金隔声固定窗	m²	0.17	—
		其他材料费	元	730	—
		措施费分摊	元	95	—
		材料费小计	元	2001	41.00
	机械费	机械费	元	117	—
		措施费分摊	元	5	—
		机械费小计	元	122	2.50
	直接费小计		元	3969	81.33
综合费用			元	892	18.28
合计			元	4861	—

设备购置费

序号	名称及规格	单位	数量	单价（元）	合价（元）
1	防腐轴流式通风机 NO3	台	4	1550	6200
2	照明配电箱	台	1	2500	2500
合计		元	—	—	8700
设备单位建筑面积指标		元/m²	—	—	19

2.2.1.15 取水泵房

工程特征：建筑面积 122m²，檐高 3.6m，砖混结构，现浇钢筋混凝土带形基础，钢吊车梁。页岩实心砖墙。钢门、铝合金门窗。外墙涂料，内墙涂料。钢筋混凝土屋面板，SBS 3+4（mm）防水卷材，挤塑聚苯板保温，聚氨酯隔汽层。水泥 综合砂浆地面。机械排风，配照型防尘工厂灯，荧光灯。

单位：m²

指标编号				10F-084	
项目			单位	额定日处理能力 1050t	占指标基价（%）
指标基价			元	2095	100.00
一、建筑安装工程费			元	2042	97.47
二、设备购置费			元	53	2.53
建筑安装工程费					
直接费	人工费	人工	工日	9	—
		措施费分摊	元	3.8	—
		人工费小计	元	295	14.08
	材料费	钢筋 ϕ10 以内	kg	42.95	—
		钢筋 ϕ10 以外	kg	63.03	—
		型钢	kg	7.21	—
		水泥 综合	kg	556.07	—
		SBS 改性沥青油毡防水卷材 3+4mm	m²	0.98	—
		挤塑板 50mm 厚	m³	0.03	—
		KP1 砖	块	259.34	—
		钢管 综合	kg	5.49	—
		其他材料费	元	454	—
		措施费分摊	元	41	—
		材料费小计	元	1329	63.44
	机械费	机械费	元	49	—
		措施费分摊	元	2	—
		机械费小计	元	51	2.43
	直接费小计		元	1675	79.95
综合费用			元	367	17.52
合计			元	2042	—

设备购置费

序号	名称及规格	单位	数量	单价（元）	合价（元）
1	防腐轴流式通风机 NO2.8	台	3	1300	3900
2	照明配电箱	台	1	2500	2500
合计		元	—	—	6400
设备单位建筑面积指标		元/m²	—	—	53

工程特征： 建筑面积275m²，现浇钢筋混凝土框架结构、跨度8m、柱距6m、檐高4.8m。独立基础带钢筋混凝土地下室，地下室标高-7.2m，吸水池部分-8.2m。页岩实心砖墙。隔声门窗。外墙涂料，内墙乳胶漆。钢筋混凝土屋面板，APP改性沥青油毡防水卷材4+3（mm）厚，憎水珍珠岩保温板100mm厚，聚氨酯隔汽层。水泥综合砂浆地面。机械排风，荧光灯，三防壁灯、三防金属卤化物灯。

单位：m²

指标编号				10F-085	
项目			单位	额定日处理能力1200t	占指标基价（%）
指标基价			元	2729	100.00
一、建筑安装工程费			元	2697	98.82
二、设备购置费			元	32	1.18
建筑安装工程费					
直接费	人工费	人工	工日	6	—
		措施费分摊	元	5	—
		人工费小计	元	202	7.40
	材料费	钢筋 ϕ10以内	kg	87.71	—
		钢筋 ϕ10以外	kg	105.05	—
		型钢	kg	5.53	—
		水泥 综合	kg	526.40	—
		APP改性沥青油毡防水卷材 3+4mm	m²	1.91	—
		KP1砖	块	48.18	—
		其他材料费	元	757	—
		措施费分摊	元	54	—
		材料费小计	元	1834	67.20
	机械费	机械费	元	178	—
		措施费分摊	元	3	—
		机械费小计	元	181	6.63
	直接费小计		元	2217	81.23
综合费用			元	480	17.59
合计			元	2697	—

设备购置费

序号	名称及规格	单位	数量	单价（元）	合价（元）
1	玻璃钢轴流风机 NO3.55	台	4	1550	6200
2	照明配电箱	台	1	2500	2500
合计		元	—	—	8700
设备单位建筑面积指标		元/m²	—	—	32

2.2.1.16 油 泵 房

工程特征：建筑面积 $44m^2$，砖混结构，檐高 3.4m，现浇钢筋混凝土带形基础，240 黏土空心砖墙。铝合金门窗。外墙涂料，内墙涂料。钢筋混凝土屋面板，憎水珍珠岩保温，APP 改性沥青油毡防水卷材 3+4（mm）厚。地砖、混凝土地面。UPVC 给排水管，地漏，手提干粉灭火器。铸铁散热器。配罩工厂灯、荧光灯。

单位：m^2

指 标 编 号				10F-086	
项　　目			单位	额定日处理能力 750t	占指标基价（%）
指 标 基 价			元	2718	100.00
一、建筑安装工程费			元	2634	96.91
二、设备购置费			元	84	3.09
建筑安装工程费					
直接费	人工费	人工	工日	13	—
		措施费分摊	元	5	—
		人工费小计	元	405	14.90
	材料费	钢筋 ϕ10 以内	kg	27.73	—
		钢筋 ϕ10 以外	kg	100.45	—
		型钢	kg	7.73	—
		水泥 综合	kg	555.91	—
		铝合金半玻平开门	m^2	0.11	—
		铝合金半玻平开窗	m^2	0.25	—
		APP 改性沥青油毡防水卷材 3+4mm	m^2	1.34	—
		内墙釉面砖 $0.06m^2$ 以外	m^3	1.34	—
		KP1 砖	块	133.18	—
		钢管 综合	kg	10.91	—
		其他材料费	元	554	—
		措施费分摊	元	56	—
		材料费小计	元	1629	59.93
	机械费	机械费	元	109	—
		措施费分摊	元	3	—
		机械费小计	元	112	4.12
	直接费小计		元	2146	78.95
综合费用			元	488	17.96
合　计			元	2634	—

设备购置费

序号	名称及规格	单位	数量	单价（元）	合价（元）
1	防爆轴流式通风机 NO2.8	台	1	1200	1200
2	照明配电箱	台	1	2500	2500
合　计		元	—	—	3700
设备单位建筑面积指标		元/m^2	—	—	84

2.2.1.17 油泵房及油罐区

工程特征：油泵房建筑面积80m²，其中：油泵房50m²，钢结构雨棚30m²。油泵房檐高3.6m，砖混结构，现浇钢筋混凝土带形基础，页岩实心砖墙。钢门、铝合金门窗。外墙涂料，内墙涂料。钢筋混凝土屋面板，SBS3+4（mm）防水卷材，挤塑聚苯板保温，聚氨酯隔汽层。地砖、耐油砂浆地面。雨棚为压型钢板屋面。油罐区包括：油罐基础、防火堤、铁栅围墙、平开钢大门等。PPR 给水管，UPVC 排水管，洗涤盆，手提灭火器。铸铁散热器。机械通风，分体空调。配照型防尘工厂灯，配电箱。

单位：m²

指标编号				10F-087	
项目			单位	额定日处理能力1050t	占指标基价（%）
指标基价			元	3659	100.00
一、建筑安装工程费			元	3569	97.54
二、设备购置费			元	90	2.46
建筑安装工程费					
直接费	人工费	人工	工日	11	—
		措施费分摊	元	7	—
		人工费小计	元	359	9.81
	材料费	钢筋 ϕ10以内	kg	41.13	—
		钢筋 ϕ10以外	kg	82.00	—
		型钢	kg	62.75	—
		钢结构薄型防火涂料	kg	0.06	—
		水泥 综合	kg	542.63	—
		铝合金半玻平开门	m²	0.29	—
		铝合金单玻推拉窗	m²	0.14	—
		SBS改性沥青油毡防水卷材3+4mm	m²	0.85	—
		挤塑板50mm厚	m³	0.03	—
		KP1砖	块	182.50	—
		钢管 综合	kg	10.38	—
		阀门	个	0.03	—
		其他材料费	元	828	—
		措施费分摊	元	72	—
		材料费小计	元	2391	65.34
	机械费	机械费	元	183	—
		措施费分摊	元	4	—
		机械费小计	元	187	5.12
	直接费小计		元	2937	80.27
综合费用			元	632	17.27
合计			元	3569	—

设备购置费

序号	名称及规格	单位	数量	单价（元）	合价（元）
1	防爆轴流式通风机NO2.8	台	1	1200	1200
2	分体壁挂空调机 KFR-26GW	台	1	3500	3500
3	照明配电箱	台	1	2500	2500
合计		元	—	—	7200
设备单位建筑面积指标		元/m²	—	—	90

2.2.1.18 空压站及污水处理间

工程特征： 建筑面积 260m²，砖混结构，檐高 2.7 ~ 5.7m。其结构利用垃圾运输坡道下方的空间。240 黏土空心砖墙。隔声门窗、铝合金门窗。外墙涂料，内墙涂料，吸声墙面（彩色穿孔钢板 50mm 厚离心玻璃棉、轻钢龙骨）。机械排风，白炽灯。

单位：m²

指标编号				10F-088	
项目			单位	额定日处理能力 750t	占指标基价（%）
指标基价			元	678	100.00
一、建筑安装工程费			元	644	94.99
二、设备购置费			元	34	5.01
建筑安装工程费					
直接费	人工费	人工	工日	3	—
		措施费分摊	元	1	—
		人工费小计	元	101	14.90
	材料费	钢筋 ϕ10 以内	kg	2.62	—
		钢筋 ϕ10 以外	kg	7.85	—
		型钢	kg	1.27	—
		水泥 综合	kg	93.62	—
		彩色压型钢板	kg	0.84	—
		轻钢龙骨 QC–75 75 × 45/43（mm）	m	2.51	—
		丙烯酸弹性高级涂料	kg	1.50	—
		隔声窗	m²	0.05	—
		隔声门	m²	0.03	—
		铝合金半玻平开门	m²	0.02	—
		铝合金单玻推拉窗	m²	0.04	—
		KP1 砖	块	74.81	—
		其他材料费	元	159	—
		措施费分摊	元	14	—
		材料费小计	元	408	60.18
	机械费	机械费	元	16	—
		措施费分摊	元	1	—
		机械费小计	元	17	2.51
	直接费小计		元	526	77.58
综合费用			元	118	17.40
合计			元	644	—

设备购置费

序号	名称及规格	单位	数量	单价（元）	合价（元）
1	防腐轴流式通风机 NO3.15	台	2	1920	3840
2	轴流式通风机 NO3.55	台	2	1163	2326
3	照明配电箱	台	1	2500	2500
合计		元	—	—	8666
设备单位建筑面积指标		元/m²	—	—	34

2.2.1.19 垃圾渗沥液处理厂房及污水调节池

工程特征： 建筑面积 320m^2，现浇钢筋混凝土框架结构、跨度 6.6m、柱距 8.4m、檐高 5m，钢筋混凝土地下室。页岩实心砖、加气混凝土砌块墙。钢门、塑钢门窗。外墙涂料，内墙涂料。钢筋混凝土屋面板，SBS 3+4（mm）防水卷材，挤塑聚苯板保温，聚氨酯隔汽层。地砖、水泥 综合砂浆地面。污水调节池为渗滤液调节池包括：厌氧反应池、反硝化池、硝化池、调节池等，渗沥液日处理量为 150t。铸铁散热器。机械通风，分体空调。荧光灯，防腐灯，壁灯。

单位：m^2

指标编号				10F-089	
项目			单位	额定日处理能力 1050t	占指标基价（%）
指标基价			元	5633	100.00
一、建筑安装工程费			元	5577	99.01
二、设备购置费			元	56	0.99
建筑安装工程费					
直接费	人工费	人工	工日	18	—
		措施费分摊	元	10	—
		人工费小计	元	576	10.23
	材料费	钢筋 ϕ10 以内	kg	155.19	—
		钢筋 ϕ10 以外	kg	256.09	—
		钢材 综合	kg	1.94	—
		水泥 综合	kg	1698.63	—
		塑钢单玻推拉门	m^2	0.08	—
		塑钢单玻推拉窗	m^2	0.09	—
		SBS 改性沥青油毡防水卷材 3+4mm	m^2	1.48	—
		挤塑板 50mm 厚	m^3	0.05	—
		加气混凝土砌块	m^3	0.37	—
		电缆	m	0.16	—
		其他材料费	元	1168	—
		措施费分摊	元	112	—
		材料费小计	元	3627	64.39
	机械费	机械费	元	376	—
		措施费分摊	元	6	—
		机械费小计	元	382	6.78
	直接费小计		元	4585	81.40
综合费用			元	992	17.61
合计			元	5577	—

设备购置费

序号	名称及规格	单位	数量	单价（元）	合价（元）
1	防爆管道风机	台	7	1551	10857
2	分体壁挂空调机 KFR-36GW	台	1	4500	4500
3	照明配电箱	台	1	2500	2500
合计		元	—	—	17857
设备单位建筑面积指标		元/m^2	—	—	56

2.2.1.20 污水处理站

工程特征：建筑面积 188m²，砖混结构，其结构利用垃圾运输坡道下方的空间。页岩实心砖墙。钢门、铝合金窗。外墙涂料，内墙涂料。水泥 综合砂浆地面，3mm 厚高聚物改性沥青防水涂膜防水层。铸铁散热器，机械通风，分体空调，配照型防尘工厂灯，荧光灯。

单位：m²

指标编号				10F-090	
项目			单位	额定日处理能力 1050t	占指标基价（%）
指标基价			元	980	100.00
一、建筑安装工程费			元	929	94.80
二、设备购置费			元	51	5.20
建筑安装工程费					
直接费	人工费	人工	工日	4	—
		措施费分摊	元	1	—
		人工费小计	元	132	13.47
	材料费	钢材 综合	kg	1.540	—
		水泥 综合	kg	100.16	—
		弹性涂料	kg	1.57	—
		铝合金中空玻璃窗	m²	0.16	—
		高聚物改性沥青防水涂膜	m²	0.96	—
		KP1 砖	千块	217.29	—
		钢管 综合	kg	5.99	—
		其他材料费	元	306	—
		措施费分摊	元	19	—
		材料费小计	元	610	62.25
	机械费	机械费	元	16	—
		措施费分摊	元	1	—
		机械费小计	元	17	1.73
	直接费小计		元	759	77.45
综合费用			元	170	17.35
合计			元	929	—

设备购置费

序号	名称及规格	单位	数量	单价	合价
1	防腐轴流式通风机 NO3.15	套	3	1310	3930
2	分体壁挂空调机 KFR-23GW	台	1	3200	3200
3	照明配电箱	台	1	2500	2500
合计		元	—	—	9630
设备单位建筑面积指标		元/m²	—	—	51

2.2.1.21 地　磅　房

工程特征：建筑面积 142m²，其中地磅房建筑面积 22m²，檐高 3.5m，砖混结构，现浇钢筋混凝土带形基础，KPI 空心砖外墙。铝合金门窗。外墙涂料，内墙涂料。钢筋混凝土屋面板，憎水珍珠岩保温，APP 3+4（mm）防水卷材，预制混凝土板架空层屋面。地砖地面。地磅房雨棚建筑面积 120m² 为钢筋混凝土框架结构，顶棚为膜结构。UPVC 给排水管，地漏，手提干粉灭火器。铸铁散热器。金属卤化物灯，荧光灯。

单位：m²

指标编号		10F-091	
项　　目	单位	额定日处理能力 750t	占指标基价（%）
指 标 基 价	元	1625	100.00
一、建筑安装工程费	元	1575	96.92
二、设备购置费	元	50	3.08

建筑安装工程费

		项目	单位	额定日处理能力 750t	占指标基价（%）
直接费	人工费	人工	工日	2	—
		措施费分摊	元	3	—
		人工费小计	元	66	4.06
	材料费	钢筋 ϕ10 以内	kg	3.52	—
		钢筋 ϕ10 以外	kg	20.21	—
		钢材 综合	kg	0.85	—
		水泥 综合	kg	98.80	—
		聚氨酯涂膜防水	m²	0.85	—
		APP 改性沥青油毡防水卷材 3+4mm	m²	0.20	—
		挤塑板 50mm 厚	m³	0.01	—
		KP1 砖	块	24.15	—
		其他材料费	元	106	—
		措施费分摊	元	32	—
		材料费小计	元	1205	74.15
	机械费	机械费	元	19	—
		措施费分摊	元	2	—
		机械费小计	元	21	1.29
	直接费小计		元	1292	79.50
综合费用			元	283	17.42
合　　计			元	1575	—

设备购置费

序号	名称及规格	单位	数量	单价（元）	合价（元）
1	分体壁挂空调机 KF-36GW	台	1	4500	4500
2	照明配电箱	台	1	2500	2500
合　　计		元	—	—	7000
设备单位建筑面积指标		元/m²	—	—	50

工程特征：地磅房建筑面积 25m²，（93m²）檐高 3.6m，砖混结构，现浇钢筋混凝土带形基础，页岩实心砖墙。铝合金门窗。外墙涂料，内墙涂料。钢筋混凝土屋面板，SBS 3+4（mm）防水卷材，挤塑聚苯板保温，聚氨酯隔汽层。地砖地面。地磅房雨棚建筑面积 68m² 为钢筋混凝土框架结构，钢筋混凝土屋面板，聚氨酯涂膜防水。PPR 给水管，UPVC 排水管，蹲式大便器，洗脸盆。铸铁散热器，分体空调，荧光灯。

单位：m²

指标编号				10F-092	
项目			单位	额定日处理能力 1050t	占指标基价（%）
指标基价			元	2607	100.00
一、建筑安装工程费			元	2542	97.51
二、设备购置费			元	65	2.49
建筑安装工程费					
直接费	人工费	人工	工日	3	—
		措施费分摊	元	5	—
		人工费小计	元	89	3.41
	材料费	钢筋 φ10 以内	kg	5.91	—
		钢筋 φ10 以外	kg	33.98	—
		钢材 综合	kg	0.86	—
		水泥 综合	kg	145.05	—
		膜结构	m²	1.40	—
		SBS 改性沥青油毡防水卷材 3+4mm	m²	0.48	—
		挤塑板 50mm 厚	m³	0.02	—
		KP1 砖	块	67.74	—
		阀门	个	0.03	—
		其他材料费	元	287	—
		措施费分摊	元	51	—
		材料费小计	元	1968	75.49
	机械费	机械费	元	27	—
		措施费分摊	元	3	—
		机械费小计	元	30	1.15
	直接费小计		元	2087	80.05
综合费用			元	455	17.46
合计			元	2542	—

设备购置费

序号	名称及规格	单位	数量	单价（元）	合价（元）
1	分体壁挂空调机 KFR–26GW	台	1	3500	3500
2	照明配电箱	台	1	2500	2500
合计		元	—	—	6000
设备单位建筑面积指标		元/m²	—	—	65

2.2.1.22 门　房

工程特征：建筑面积 28m²，檐高 3.3m，砖混结构，现浇钢筋混凝土带形基础，KP1 型承重黏土多孔砖墙。铝合金门窗、装饰木门，内墙乳胶漆、外墙高级涂料，局部花岗石板。钢筋混凝土屋面板，憎水珍珠岩保温，APP 3+4（mm）防水卷材，预制混凝土板架空层屋面。地砖地面。UPVC 给排水管，地漏，手提干粉灭火器。铸铁散热器。荧光灯。

单位：m²

指标编号				10F-093	
项　目			单位	额定日处理能力 750t	占指标基价（%）
指标基价			元	3468	100.00
一、建筑安装工程费			元	3379	97.43
二、设备购置费			元	89	2.57
建筑安装工程费					
直接费	人工费	人工	工日	13	—
		措施费分摊	元	7	—
		人工费小计	元	410	11.82
	材料费	钢筋 ϕ10 以内	kg	30.71	—
		钢筋 ϕ10 以外	kg	126.43	—
		钢材 综合	kg	3.57	—
		水泥 综合	kg	596.07	—
		实木装饰门带门框	m²	0.08	—
		铝合金半玻平开门	m²	0.17	—
		铝合金单玻平开窗	m²	0.50	—
		APP 改性沥青油毡防水卷材 3+4mm	m²	1.33	—
		聚氨酯防水涂料	m²	3.85	—
		丙烯酸弹性高级涂料	kg	3.15	—
		花岗石板 0.25m² 以内	m²	0.27	—
		KP1 砖	块	160.00	—
		其他材料费	元	798	—
		措施费分摊	元	69	—
		材料费小计	元	2242	64.65
	机械费	机械费	元	111	—
		措施费分摊	元	4	—
		机械费小计	元	115	3.32
	直接费小计		元	2767	79.79
综合费用			元	612	17.64
合　计			元	3379	—

设备购置费

序号	名称及规格	单位	数量	单价（元）	合价（元）
1	照明配电箱	台	1	2500	2500
合　计		元	—	—	2500
设备单位建筑面积指标		元/m²	—	—	89

工程特征：建筑面积 25m²，檐高 3.3m，砖混结构，现浇钢筋混凝土带形基础，页岩实心砖墙。铝合金门窗。外墙涂料，内墙涂料。钢筋混凝土屋面板，SBS 3+4（mm）防水卷材，挤塑聚苯板保温，聚氨酯隔汽层。地砖地面。PPR 给水管，UPVC 排水管，蹲式大便器，洗脸盆，手提灭火器。铸铁散热器，分体空调，荧光灯。

单位：m²

指 标 编 号				10F-094	
项 目			单位	额定日处理能力 1050t	占指标基价（%）
指 标 基 价			元	3072	100.00
一、建筑安装工程费			元	2832	92.19
二、设备购置费			元	240	7.81
建筑安装工程费					
直接费	人工费	人工	工日	17	—
		措施费分摊	元	5	—
		人工费小计	元	539	17.55
	材料费	钢筋 ϕ10 以内	kg	32.00	—
		钢筋 ϕ10 以外	kg	117.60	—
		钢材 综合	kg	38.40	—
		水泥 综合	kg	487.20	—
		铝合金半玻平开门	m²	0.60	—
		铝合金单玻推拉窗	m²	0.07	—
		SBS 改性沥青油毡防水卷材 3+4mm	m²	1.19	—
		挤塑板 50mm 厚	m³	0.06	—
		KP1 砖	块	108.40	—
		阀门	个	0.12	—
		其他材料费	元	127.00	—
		措施费分摊	元	58	—
		材料费小计	元	1598	52.02
	机械费	机械费	元	189	—
		措施费分摊	元	3	—
		机械费小计	元	191	6.22
	直接费小计		元	2328	75.79
综合费用			元	504	16.40
合 计			元	2832	—

设备购置费

序号	名称及规格	单位	数量	单价（元）	合价（元）
1	分体壁挂空调机 KFR-26GW	台	1	3500	3500
2	照明配电箱	台	1	2500	2500
合 计		元	—	—	6000
设备单位建筑面积指标		元/m²	—	—	240

2.2.1.23 垃圾运输坡道

工程特征： 道面面积 999m²，宽度 9m、长 111m、高 6m，现浇钢筋混凝土框架结构、独立柱基。钢筋混凝土现浇板，聚氨酯防水涂料，钢筋混凝土面层，钢管综合栏杆及扶手。

单位：m²

指标编号				10F-095	
项目			单位	额定日处理能力 750t	占指标基价（%）
指标基价			元	1499	100.00
一、建筑安装工程费			元	1499	100.00
二、设备购置费			元	—	—
建筑安装工程费					
直接费	人工费	人工	工日	5	—
		措施费分摊	元	2	—
		人工费小计	元	150	10.01
	材料费	钢筋 ϕ10 以内	kg	27.25	—
		钢筋 ϕ10 以外	kg	82.63	—
		水泥 综合	kg	380.25	—
		其他材料费	元	344	—
		措施费分摊	元	25	—
		材料费小计	元	889	59.30
	机械费	机械费	元	201	—
		措施费分摊	元	1	—
		机械费小计	元	202	13.48
	直接费小计		元	1241	82.79
综合费用			元	258	17.21
合计			元	1499	—

工程特征：道面面积 946m²，宽度 8.6m、长度 110m、高 7m。现浇钢筋混凝土框架结构、独立柱基，钢筋混凝土现浇板，聚氨酯防水涂料，钢筋混凝土面层，不锈钢栏杆及扶手。

单位：m²

指标编号				10F-096	
项目			单位	额定日处理能力 1050t	占指标基价（%）
指标基价			元	1510	100.00
一、建筑安装工程费			元	1510	100.00
二、设备购置费			元	—	—
建筑安装工程费					
直接费	人工费	人工	工日	6	—
		措施费分摊	元	2	—
		人工费小计	元	186	12.32
	材料费	钢筋 ϕ10 以内	kg	59.97	—
		钢筋 ϕ10 以外	kg	52.45	—
		水泥 综合	kg	487.34	—
		不锈钢管 综合 $\phi 89\times 2.5$	m	0.38	—
		聚氨酯防水涂料	kg	2.23	—
		其他材料费	元	349	—
		措施费分摊	元	26	—
		材料费小计	元	1011	66.95
	机械费	机械费	元	54	—
		措施费分摊	元	1	—
		机械费小计	元	55	3.64
	直接费小计		元	1252	82.91
综合费用			元	258	17.09
合计			元	1510	—

工程特征：道面面积 874m²，宽度 8m、长 110m、高 6.09m，现浇钢筋混凝土框架结构、人工挖孔灌注桩，独立柱基，抗渗混凝土满堂基础。钢筋混凝土现浇板，聚氨酯防水涂料，钢筋混凝土面层，钢管综合栏杆及扶手。

单位：m²

指标编号				10F-097	
项目			单位	额定日处理能力 1200t	占指标基价（%）
指标基价			元	1237	100.00
一、建筑安装工程费			元	1237	100.00
二、设备购置费			元	—	—
建筑安装工程费					
直接费	人工费	人工	工日	3	—
		措施费分摊	元	2	—
		人工费小计	元	100	8.08
	材料费	钢筋 φ10 以内	kg	32.39	—
		钢筋 φ10 以外	kg	91.73	—
		水泥 综合	kg	370.56	—
		其他材料费	元	306	—
		措施费分摊	元	21	—
		材料费小计	元	879	71.06
	机械费	机械费	元	44	—
		措施费分摊	元	1	—
		机械费小计	元	45	3.64
	直接费小计		元	1024	82.78
综合费用			元	213	17.22
合计			元	1237	—

2.2.1.24 烟　囱

工程特征：烟囱高 60m，出口直径 ϕ2.8m，现浇钢筋混凝土结构，陶粒混凝土内衬，加气混凝土砌块隔热层，钢平台。障碍灯 6 个。

单位：m

指标编号				10F-098	
项　目			单位	额定日处理能力 750t	占指标基价（%）
指标基价			元	16825	100.00
一、建筑安装工程费			元	16661	99.03
二、设备购置费			元	164	0.97
建筑安装工程费					
直接费	人工费	人工	工日	41	—
		措施费分摊	元	25	—
		人工费小计	元	1287	7.65
	材料费	钢筋 ϕ10 以内	kg	277.76	—
		钢筋 ϕ10 以外	kg	1194.67	—
		钢材 综合	kg	180.17	—
		水泥 综合	kg	3906.67	—
		障碍灯	个	0.10	—
		其他材料费	元	2977	—
		措施费中材料费	元	266	—
		材料费小计	元	11444	68.02
	机械费	机械费	元	873	—
		措施费分摊	元	16	—
		机械费小计	元	889	5.28
	直接费小计		元	13620	80.95
综合费用			元	3041	18.08
合　计			元	16661	—

设备购置费

序号	名　称	单位	数量	单价（元）	合价（元）
1	障碍灯控制箱	台	1	9800	9800
合　计		元	—	—	9800
设备单位建筑面积指标		元/m	—	—	164

工程特征：烟囱高100m，出口直径ϕ2.5m，现浇钢筋混凝土结构，陶粒混凝土内衬，加气混凝土砌块隔热层，钢平台，障碍灯。

单位：m

指标编号				10F-099	
项目			单位	额定日处理能力1050t	占指标基价（%）
指标基价			元	16953	100.00
一、建筑安装工程费			元	16855	99.42
二、设备购置费			元	98	0.58
建筑安装工程费					
直接费	人工费	人工	工日	95	—
		措施费分摊	元	26	—
		人工费小计	元	2972	17.53
	材料费	钢筋 ϕ10以内	kg	55.80	—
		钢筋 ϕ10以外	kg	608.40	—
		钢材 综合	kg	117.20	—
		水泥 综合	kg	2426.60	—
		陶粒混凝土	m^3	2.75	—
		加气混凝土砌块	m^3	1.66	—
		钢管 综合	kg	7.40	—
		障碍灯	个	0.06	—
		其他材料费	元	4762	—
		措施费中材料费	元	276	—
		材料费小计	元	10218	60.27
	机械费	机械费	元	543	—
		措施费分摊	元	15	—
		机械费小计	元	559	3.30
	直接费小计		元	13749	81.10
综合费用			元	3106	18.32
合　计			元	16855	—

设备购置费

序号	名称及规格	单位	数量	单价（元）	合价（元）
1	障碍灯控制箱	台	1	9800	9800
合　计		元	—	—	9800
设备单位建筑面积指标		元/m	—	—	98

2.2.2 工艺设备及安装工程分项指标

2.2.2.1 额定日处理能力 750t

工程特征：垃圾焚烧系统安装、额定日处理能力 750t。

单位：t/d

指标编号				10F-100	
项目			单位	垃圾焚烧系统	占指标基价（%）
指标基价			元	82788	100.00
一、建筑安装工程费			元	14164	17.11
二、设备购置费			元	68624	82.89
建筑安装工程费					
直接费	人工费	人工	工日	93	—
		措施费分摊	元	41	—
		人工费小计	元	2915	3.52
	材料费	钢材 综合	kg	264.93	—
		钢管 综合	kg	10.29	—
		其他材料费	元	1893	—
		措施费分摊	元	450	—
		材料费小计	元	3567	4.31
	机械费	机械费	元	3866	—
		措施费分摊	元	26	—
		机械费小计	元	3892	4.70
	直接费小计		元	10374	12.53
综合费用			元	3790	4.58
合 计			元	14164	—

设备购置费

序号	系统名称	设备名称、规格、数量	单位	数量	单价	合价
1	炉排式垃圾焚烧炉	SLC225-3.82/400 Q=22.5t/h 垃圾处理量 250t/d	套	3	16870000	50610000
2	一次风机	LH-130D N=132kW	台	3	84000	252000
3	二次风机	W9-26 No8 N=18.5kW	台	3	14400	43200
4	引风机	LH-BR163D N=280kW	台	3	136400	409200
5	定期排污扩容器	（DP3.5）1 台，连续排污扩容器（LP-3.5）1 台，锅炉取样装置 1 套，排气消声器（DN80）3 台，潜污泵（50QW40-30 7.5kW）2 台	项	1	153550	153550
合 计			元	—	—	51467950
单位处理量指标			元/t	—	—	68624

工程特征：余热利用系统安装、额定日处理能力 750t。

单位：t/d

指标编号			10F-101	
项目		单位	余热利用系统	占指标基价（%）
指标基价		元	15114	100.00
一、建筑安装工程费		元	1053	6.97
二、设备购置费		元	14061	93.03
建筑安装工程费				
直接费	人工费	人工	工日	8	—
		措施费分摊	元	3	—
		人工费小计	元	239	1.59
	材料费	钢材 综合	kg	6.13	—
		其他材料费	元	259	—
		措施费分摊	元	37	—
		材料费小计	元	319	2.11
	机械费	机械费	元	192	—
		措施费分摊	元	2	—
		机械费小计	元	194	1.28
	直接费小计		元	752	4.98
综合费用			元	301	1.99
合计			元	1053	—

设备购置费

序号	系统名称	设备名称、规格、数量	单位	数量	单价	合价
1	汽轮机	N7.5–3.43 N=7500kW	台	2	3220000	6440000
2	发电机	QF–7.5–2 N=7500kW	台	2	1610000	3220000
3	电动吊钩桥式起重机	Q=15/3t，L=13.5m	台	1	350000	350000
4	给水泵	65DG50×12Q=30m³/h H=570m 90kW	台	4	31000	124000
5	中压热力除氧器（含水箱）	Q=40t/h	台	2	80000	160000
6	汽轮发电机其他辅机设备	凝结水泵、疏水设备、连续排污扩容器 、分汽缸、事故油箱等	项	1	251860	251860
合计			元	—	—	10545860
单位处理量指标			元/m²	—	—	14061

工程特征：烟气净化系统安装、额定日处理能力750t。

单位：t/d

指标编号		10F-102	
项目	单位	烟气净化系统	占指标基价（%）
指标基价	元	22000	100.00
一、建筑安装工程费	元	—	—
二、设备购置费	元	22000	100.00

设备购置费

序号	系统名称	设备名称、规格、数量	单位	数量	单价	合价
1	烟气净化设备	烟气净化装置（含置浆装置、灰仓、输灰管道及设备运费、安装）	套	3	5500000	16500000
合计			元	—	—	16500000
单位处理量指标			元/t	—	—	22000

工程特征：包括主蒸汽管道、主给水管道、锅炉排污管道、抽汽管道、中低压给水管道、凝结水管道、疏放水管道、循环水管道、汽封管道、抽真空管道 、除盐水管道、润滑油管道、锅炉水冲洗管道及厂区汽、水管道等。

单位：t/d

指标编号				10F-103	
项目			单位	热力系统汽水管道	占指标基价（%）
指标基价			元	2501	100.00
一、建筑安装工程费			元	2501	100.00
二、设备购置费			元	—	—
建筑安装工程费					
直接费	人工费	人工	工日	4.85	—
		措施费分摊	元	3	—
		人工费小计	元	153	6.12
	材料费	钢材 综合	kg	7	—
		钢管 综合	kg	101.56	—
		阀门	个	0.58	—
		其他材料费	元	125	—
		措施费分摊	元	24	—
		材料费小计	元	1869	74.73
	机械费	机械费	元	110	—
		措施费分摊	元	1	—
		机械费小计	元	111	4.44
	直接费小计		元	2133	85.29
综合费用			元	368	14.71
合计			元	2501	—

工程特征：包括锅炉炉墙筑炉及本体保温，设备及烟风道复合硅酸盐板保温及油漆，汽水管道复合硅酸盐管壳保温油及油漆。

单位：t/d

指标编号				10F-104	
项目			单位	热力系统保温及油漆	占指标基价（%）
指标基价			元	7700	100.00
一、建筑安装工程费			元	7700	100.00
二、设备购置费			元	—	—
建筑安装工程费					
直接费	人工费	人工	工日	18	—
		措施费分摊	元	9.00	—
		人工费小计	元	564.00	7.00
	材料费	复合硅酸盐板（24~120kg/m³）	m^3	0.30	—
		复合硅酸盐管壳（24~120kg/m³）	m^3	0.14	—
		镀锌铁皮 δ0.5	m^2	6.70	—
		保温耐火材料	元	4455	—
		其他材料费	元	506	—
		措施费分摊	元	87	—
		材料费小计	元	5723	74.00
	机械费	机械费	元	198	—
		措施费分摊	元	5	—
		机械费小计	元	203	3.00
	直接费小计		元	6490	84.00
综合费用			元	1210	16.00
合计			元	7700	—

工程特征：燃料供应系统安装、额定日处理能力 750t。

单位：t/d

指标编号				10F-105	
项目			单位	燃料供应系统	占指标基价（%）
指标基价			元	4569	100.00
一、建筑安装工程费			元	409	8.95
二、设备购置费			元	4160	91.05
建筑安装工程费					
直接费	人工费	人工	工日	4	—
		措施费分摊	元	2	—
		人工费小计	元	115	2.52
	材料费	钢材 综合	kg	0.51	—
		钢管 综合	kg	1.25	—
		其他材料费	元	82	—
		措施费分摊	元	18	—
		材料费小计	元	111	2.43
	机械费	机械费	元	47	—
		措施费分摊	元	1	—
		机械费小计	元	48	1.05
	直接费小计		元	274	6.00
综合费用			元	135	2.95
合计			元	409	—

设备购置费

序号	系统名称	设备名称、规格、数量	单位	数量	单价	合价
1	垃圾称量设备	电子汽车称重仪（SCS-40 Q=40t）	台	2	100000	200000
2	垃圾卸料门	电动垃圾卸料门［3400×5000（h）］	台	9	87000	783000
3	起重设备	六瓢抓斗桥式起重机（Q=10t LK=22.5m V=6m^3）（含控制系统）	台	2	1002000	2004000
		电动葫芦（$CD_1$2-36D）	台	1	15000	15000
4	燃油供应系统	油罐及附件（V=10m^3） 2台，油泵 2台	套	1	118000	118000
合计			元	—	—	3120000
单位处理量指标			元/t	—	—	4160

工程特征：灰渣处理系统安装、额定日处理能力 750t。

单位：t/d

指标编号				10F-106	
项目			单位	灰渣处理系统	占指标基价（%）
指标基价			元	3762	100.00
一、建筑安装工程费			元	692	18.39
二、设备购置费			元	3070	81.61
建筑安装工程费					
直接费	人工费	人工	工日	5	—
		措施费分摊	元	3	—
		人工费小计	元	144	3.83
	材料费	钢材 综合	kg	25.81	—
		其他材料费	元	64	—
		措施费分摊	元	22	—
		材料费小计	元	296	7.87
	机械费	机械费	元	65	—
		措施费分摊	元	1	—
		机械费小计	元	66	1.75
	直接费小计		元	506	13.45
综合费用			元	186	4.94
合计（含站内管线）			元	692	—

设备购置费

序号	系统名称	设备名称、规格、数量	单位	数量	单价	合价
1	飞灰固化设备	钢制水泥储仓,埋刮板输送机,强制式搅拌机 JS 型,仓顶收尘器，转运叉车（CPCD30WF），模具等	套	1	1181840	1181840
2	空压机设备	喷油螺杆压缩机（$Q=15.3m^3/min$ P=0.85MPa）3 台，无热再生空气干燥器 （$Q=20m^3/min$）2 台，缓冲罐（$V=3m^3$）3 个，及配套设备	套	1	771400	771400
3	除渣设备	电磁除铁器 RCDC（B=500mm）3 台，耐高温带式输送机（B=500mm，L=5.8m）3 台，移动式带式输送机（YD53 B=500 L=15m）3 台，（L=15m）1 台	套	1	348990	348990
合计			元	—	—	2302230
单位处理量指标			元/t	—	—	3070

工程特征：水处理系统安装、额定日处理能力 750t。

单位：t/d

指标编号				10F-107	
项　目			单位	水处理系统	占指标基价（%）
指 标 基 价			元	1302	100.00
一、建筑安装工程费			元	353	27.12
二、设备购置费			元	949	72.88
建筑安装工程费					
直接费	人工费	人工	工日	1	—
		措施费分摊	元	1	—
		人工费小计	元	40	3.07
	材料费	钢材 综合	kg	2	—
		钢管 综合	kg	2	—
		其他材料费	元	190	—
		措施费分摊	元	6	—
		材料费小计	元	219	16.83
	机械费	机械费	元	26	—
		措施费分摊	元	1	—
		机械费小计	元	27	2.07
	直接费小计		元	286	21.97
综合费用			元	67	5.15
合计（含管线）			元	353	—

设备购置费

序号	系统名称	设备名称、规格、数量	单位	数量	单价	合价
1	除盐水系统	一级除盐加混床（含加氨装置）（$10m^3/h$）	套	1	400000	400000
2	循环水处理系统	加药装置	套	2	81000	162000
3	给水炉水校正处理系统	磷酸盐炉内加药装置	套	1	150000	150000
合　计			元	—	—	712000
单位处理量指标			元/t	—	—	949

工程特征：供水系统安装、额定日处理能力 750t/d。

单位：t/d

指标编号				10F-108	
项目			单位	供水系统	占指标基价（%）
指标基价			元	6570	100.00
一、建筑安装工程费			元	3050	46.43
二、设备购置费			元	3520	53.57
建筑安装工程费					
直接费	人工费	人工	工日	4	—
		措施费分摊	元	2	—
		人工费小计	元	117	1.78
	材料费	钢材 综合	kg	2.92	—
		钢管 综合	kg	121.09	—
		阀门	个	0.11	—
		其他材料费	元	153	—
		措施费分摊	元	18	—
		材料费小计	元	2456	37.39
	机械费	机械费	元	86	—
		措施费分摊	元	1	—
		机械费小计	元	87	1.32
	直接费小计		元	2660	40.49
综合费用			元	390	5.94
合计（含泵房内管线及厂区循环管线）			元	3050	—

设备购置费

序号	系统名称	设备名称、规格、数量	单位	数量	单价	合价
1	循环泵房	循环水泵（KDOW600-560 250kW）3 台，旁滤水泵（KD80-50（I）A N=18.5kW）2 台，差压式方形中温冷却塔（FBL-75）1 台，手动单梁起重机（SDXQ Lk=6.0m, G=3.0 t）1 台，潜水泵（50QW18-7-0.75）1 台	套	1	524300	524300
2	冷却塔	中温玻璃钢冷却塔（含安装）（GNZF-2500 Q=2500m³/h，N=110kW t1=43℃,t2=33℃）（钢混结构）	台	2	750000	1500000
3	综合水泵房	生产水泵（变频控制）（FLG80-200（I）A N=18.5kW），补水泵（FLG125-100A N=7.5kW）2 台，无阀滤池设备（200m³/h）2 台，潜水泵（50QW18-7-0.75）1 台，手动单轨小车（SG-1Q=1.0T）1 台	套	1	615500	615500
合计			元	—	—	2639800
单位处理量指标			元/t	—	—	3520

工程特征：电气系统安装、额定日处理能力 750t。

单位：t/d

指标编号				10F-109	
项　目			单位	电气系统	占指标基价（%）
指标基价			元	26105	100.00
一、建筑安装工程费			元	12582	48.20
二、设备购置费			元	13523	51.80
建筑安装工程费					
直接费	人工费	人工	工日	16	—
		措施费分摊	元	7	—
		人工费小计	元	494	1.89
	材料费	钢材 综合	kg	28.00	—
		钢管 综合	kg	61.33	—
		电缆	m	72.95	—
		其他材料费	元	1412	—
		措施费分摊	元	76	—
		材料费小计	元	10321	39.54
	机械费	机械费	元	141	—
		措施费分摊	元	4	—
		机械费小计	元	145	0.56
	直接费小计		元	10960	41.99
综合费用			元	1622	6.21
合计（含全厂电缆及接地）			元	12582	—

设备购置费

序号	系统名称	设备名称、规格、数量	单位	数量	单价	合价
1	发电机电气及引出线	汽轮发电机（随汽机配套）（7.5MW）2 台，高压开关柜［GG-1A（F）］4 台，避雷器 2 台	套	1	346040	346040
2	主变压器系统	厂用高压变压器（SG10-1600/10）4 台	套	1	1280000	1280000
3	10kV 配电装置	高压开关柜 20 台，低压配电屏 31 台	套	1	3860000	3860000
4	主控及直流系统	各种保护控制屏 15 面，220V 蓄电池组（200AH）1 套，综合保护系统 1 套	套	1	1830000	1830000
5	厂用电系统	变压器（SG10-1000）1 台，低压抽屉式开关柜 MNS 型 6 面，变频柜 6 台，动力箱、控制箱等	套	1	2672850	2672850
6	通信系统	数字程控调度电话交换机 64 门 1 套，设备电源柜 1 台，配线架 1 台，调度电话机 59 个	项	1	153000	153000
合　计			元	—	—	10141890
单位处理量指标			元/t	—	—	13523

工程特征：热工控制系统安装、额定日处理能力 750t。

单位：t/d

指标编号			单位	10F-110	
项目			单位	热工控制系统	占指标基价（%）
指标基价			元	12348	100.00
一、建筑安装工程费			元	3164	25.63
二、设备购置费			元	9184	74.37
建筑安装工程费					
直接费	人工费	人工	工日	12	—
		措施费分摊	元	5	—
		人工费小计	元	364	2.95
	材料费	钢材 综合	kg	11	—
		钢管 综合	kg	25	—
		电缆	m	60	—
		其他材料费	元	751	—
		措施费分摊	元	56	—
		材料费小计	元	2096	16.97
	机械费	机械费	元	94	—
		措施费分摊	元	3	—
		机械费小计	元	97	0.79
	直接费小计		元	2557	20.71
综合费用			元	607	4.92
合计			元	3164	—

设备购置费

序号	系统名称	设备名称、规格、数量	单位	数量	单价	合价
1	控制系统设备	分散控制系统（DCS）（1420控制点）1套，烟气在线系统3套，全厂电视监视系统（包括16套摄像机,21inch监视器 5台,监视柜 1台，硬盘录像机等） 1套	套	1	4346900	4346900
2	单项控制设备	热工自动化试验设备1套，模拟屏10m×3m 1套，热控电源柜2面,上位机1套（6站），输灰电控设备1套，火灾探测报警控制系统（93点）1套	套	1	1185930	1185930
3	就地仪表	控制调节安全监控装置（包括：热电偶、差压变送器、过程开关SOR、电动调节阀、锅炉汽包液位计、涡轮流量计、燃油流量计、氧量计等）	套	1	1354880	1354880
合计			元	—	—	6887710
单位处理量指标			元/t	—	—	9184

工程特征：附属生产系统安装、额定日处理能力 750t。

单位：t/d

指标编号				10F-111	
项目			单位	附属生产系统	占指标基价（%）
指标基价			元	5989	100.00
一、建筑安装工程费			元	132	2.21
二、设备购置费			元	5857	97.79
建筑安装工程费					
直接费	人工费	人工	工日	1	—
		措施费分摊	元	1	—
		人工费小计	元	22	0.37
	材料费	钢材 综合	kg	1.25	—
		钢管 综合	kg	1.87	—
		其他材料费	元	56	—
		措施费分摊	元	3	—
		材料费小计	元	70	1.17
	机械费	机械费	元	8	—
		措施费分摊	元	1	—
		机械费小计	元	9	0.15
直接费小计			元	101	1.69
综合费用			元	31	0.52
合　计			元	132	—

设备购置费

序号	系统名称	设备名称、规格、数量	单位	数量	单价	合价
1	机修设备	普通机加设备，交直流电焊机、钳工台等	套	1	442350	442350
2	汽水化验室设备	仪器仪表，药品柜，仪器柜，实验台等	套	1	145872	145872
3	垃圾化验室设备	仪器仪表	套	1	296500	296500
4	电气试验室设备	仪器仪表	套	1	100000	100000
5	热工试验室设备	仪器仪表	套	1	100000	100000
6	环保工程设备	垃圾渗沥液处理回用成套设备（含安装费）	套	1	3058350	3058350
		污废水处理站设备（A/O 生物处理系统 $3m^3/h$ ）	套	1	250000	250000
合　计			元	—	—	4393072
单位处理量指标			元/t	—	—	5857

2.2.2.2 额定日处理能力1050t

工程特征：垃圾焚烧系统、额定日处理能力 1050t。

单位：t/d

指标编号			10F-112	
项目		单位	垃圾焚烧系统	占指标基价（%）
指标基价		元	89278	100.00
一、建筑安装工程费		元	13721	15.37
二、设备购置费		元	75557	84.63
建筑安装工程费				
直接费	人工费 人工	工日	88	—
	人工费 措施费分摊	元	39	—
	人工费小计	元	2771	3.10
	材料费 钢材 综合	kg	288.57	—
	材料费 钢管 综合	kg	7.62	0.02
	材料费 其他材料费	元	1822	—
	材料费 措施费分摊	元	428	—
	材料费小计	元	3609	4.04
	机械费 机械费	元	3688	—
	机械费 措施费分摊	元	25	—
	机械费小计	元	3713	4.15
	直接费小计	元	10093	11.31
综合费用		元	3628	4.06
合计		元	13721	—

设备购置费

序号	系统名称	设备名称、规格、数量	单位	数量	单价	合价
1	焚烧炉本体设备	垃圾焚烧炉本体（SLC350-3.82/400 Q=32t/h 3.82MPa 350t/d）（含除氧器、排气消声器、吹灰器）	套	3	26047500	78142500
2	一次风机	一次风机（G6-51 No.12D N=132kW）	台	3	84000	252000
3	二次风机	二次风机（9-19 11.2D 75kW	台	3	30000	90000
4	引风机	引风机（Y6-51 No16D N=400kW）	台	3	250000	750000
5	焚烧炉其他辅助设备	定期排污扩容器（DP3.5）1台，减温减压装置（Y-10-3.82/390-/0.4/180）1台，排气消声器（DN80）3台，潜污泵（50QW40-30 7.5kW）2台	项	1	99850	99850
合计			元	—	—	79334350
单位处理量指标			元/t	—	—	75557

工程特征：余热利用系统、额定日处理能力 1050t。

单位：t/d

指标编号				10F-113	
项目			单位	余热利用系统	占指标基价（%）
指标基价			元	10824	100.00
一、建筑安装工程费			元	721	6.66
二、设备购置费			元	10103	93.34
建筑安装工程费					
直接费	人工费	人工	工日	5	—
		措施费分摊	元	1	—
		人工费小计	元	161	22.34
	材料费	钢材 综合	kg	4.11	—
		钢管 综合	kg	0.41	—
		其他材料费	元	182	—
		措施费分摊	元	25	—
		材料费小计	元	222	2.05
	机械费	机械费	元	132	—
		措施费分摊	元	1	—
		机械费小计	元	133	1.23
	直接费小计		元	516	4.77
综合费用			元	205	1.89
合计			元	721	—

设备购置费

序号	系统名称	设备名称、规格、数量	单位	数量	单价	合价
1	汽轮机	N7.5–3.82 N=7500kW	台	2	3220000	6440000
2	发电机	QF–7.5–2 N=7500kW	台	2	1610000	3220000
3	电动吊钩桥式起重机	Q=20/5t，L=13.5m，H=12m	台	1	396000	396000
4	给水泵	DC46–50×12Q 46m³/h H=600m 132kW	台	3	50000	150000
5	移动式滤油机	DYJ–100	台	1	100000	100000
6	气轮发电机其他辅机设备		项	1	301670	301670
合计			元	—	—	10607670
单位处理量指标			元/t	—	—	10103

工程特征：烟气净化系统、额定日处理能力 1050t。

单位：t/d

指标编号		10F-114	
项　目	单位	烟气净化系统	占指标基价（%）
指标基价	元	20430	100.00
一、建筑安装工程费	元	—	—
二、设备购置费	元	20430	100.00

设备购置费

序号	系统名称	设备名称、规格、数量	单位	数量	单价	合价
1	烟气净化设备	烟气净化装置（含置浆装置、灰仓、输灰管道及设备运费、安装）	套	3	7150350	21451050
合　计			元	—	—	21451050
单位处理量指标			元/t	—	—	20430

工程特征：包括主蒸汽管道、主给水管道、锅炉排污管道、抽汽管道、中低压给水管道、凝结水管道、疏放水管道、循环水管道、汽封管道、抽真空管道、除盐水管道、润滑油管道、锅炉水冲洗管道及厂区汽、水管道等。

单位：t/d

指标编号				10F-115	
项　目			单位	热力系统汽水管道	占指标基价（%）
指标基价			元	2146	100.00
一、建筑安装工程费			元	2146	100.00
二、设备购置费			元	—	—
建筑安装工程费					
直接费	人工费	人工	工日	3	—
		措施费分摊	元	2	—
		人工费小计	元	108	5.04
	材料费	钢材 综合	kg	6.62	—
		钢管 综合	kg	76.95	—
		阀门	个	0.70	—
		其他材料费	元	111	—
		措施费分摊	元	17	—
		材料费小计	元	1664	77.55
	机械费	机械费	元	77	—
		措施费分摊	元	1	—
		机械费小计	元	78	3.63
	直接费小计		元	1850	86.21
综合费用			元	296	13.79
合　计			元	2146	—

工程特征：包括锅炉炉墙筑炉及本体保温，设备及烟风道复合硅酸盐板保温及油漆，汽水管道复合硅酸盐管壳保温油及油漆。

单位：t/d

指标编号				10F-116	
项目			单位	热力系统保温油漆	占指标基价（%）
指标基价			元	8055	100.00
一、建筑安装工程费			元	8055	100.00
二、设备购置费			元	—	—
建筑安装工程费					
直接费	人工费	人工	工日	20	—
		措施费分摊	元	9	—
		人工费小计	元	631	7.83
	材料费	复合硅酸盐板（24~120kg/m^3）	m^3	0.34	—
		复合硅酸盐管壳（24~120kg/m^3）	m^3	0.29	—
		镀锌铁皮 δ0.5	m^2	11.55	—
		耐火材料	元	4243	—
		其他材料费	元	528	—
		措施费分摊	元	97	—
		材料费小计	元	5911	73.39
	机械费	机械费	元	207	—
		措施费分摊	元	6	—
		机械费小计	元	213	2.64
	直接费小计		元	6755	83.86
综合费用			元	1300	16.14
合计			元	8055	—

工程特征：燃料供应系统、额定日处理能力 1050t。

单位：t/d

指标编号				10F-117	
项目			单位	燃料供应系统	占指标基价（%）
指标基价			元	4571	100.00
一、建筑安装工程费			元	301	6.58
二、设备购置费			元	4270	93.42
建筑安装工程费					
直接费	人工费	人工	工日	3	—
		措施费分摊	元	1	—
		人工费小计	元	86	1.89
	材料费	钢材 综合	kg	0.44	—
		钢管 综合	kg	2.63	—
		其他材料费	元	47	—
		措施费分摊	元	13	—
		材料费小计	元	79	1.73
	机械费	机械费	元	34	—
		措施费分摊	元	1	—
		机械费小计	元	35	0.76
	直接费小计		元	200	4.37
综合费用			元	101	2.21
合　计			元	301	—

设备购置费

序号	系统名称	设备名称、规格、数量	单位	数量	单价	合价
1	垃圾称量设备	电子汽车称重仪（GCS-TDM30H，Q=1~60t）	台	2	100300	200600
2	垃圾卸料门	电动垃圾卸料门［3800×5000（h）］	台	9	87800	790200
3	起重设备	电动六瓢抓斗桥式起重机（Q=12.5t LK=26.5m V=6.3m³）（含控制系统）	台	2	1650000	3300000
		电动葫芦（CD$_1$2-20D）	台	1	8000	8000
4	燃油供应系统	油罐及附件（V=20m³）2台，油泵 3台	套	1	184600	184600
合　计			—	—	—	4483400
单位处理量指标			元/t	—	—	4270

工程特征：灰渣处理系统、额定日处理能力 1050t。

单位：t/d

指标编号				10F-118	
项目			单位	灰渣处理系统	占指标基价（%）
指标基价			元	4601	100.00
一、建筑安装工程费			元	644	14.00
二、设备购置费			元	3957	86.00
建筑安装工程费					
直接费	人工费	人工	工日	4	—
		措施费分摊	元	2	—
		人工费小计	元	121	2.63
	材料费	钢材 综合	kg	24.9	3.87
		钢管 综合	kg	1.73	—
		阀门	个	0.08	—
		其他材料费	元	122	—
		措施费分摊	元	19	—
		材料费小计	元	300	6.52
	机械费	机械费	元	60	—
		措施费分摊	元	1	—
		机械费小计	元	61	1.33
	直接费小计		元	482	10.48
综合费用			元	162	3.52
合计			元	644	—

设备购置费

序号	系统名称	设备名称、规格、数量	单位	数量	单价	合价
1	飞灰固化设备	钢制水泥储仓（V=50m³，Φ3000mm），埋刮板输送机，强制式搅拌机 JS 型（Q=100t），仓顶收尘器，转运叉车（CPCD30WF），模具等	套	1	1557300	1557300
2	空压机设备	螺杆式空气压缩机（SA185W Q=32Nm³/min P=0.75MPa）4 台，水冷式冷冻干燥机（JRL-30NW Q=34m³/h）4 台，空气储气罐（V=20m³）1 个，（V=5m³）1 个，油水分离器（SLY-30Q=30m³/h）4 台，吸附式干燥机（JHL-15Q=15Nm³/min）1 个，电动葫芦（Q=2t,H=8m）2 个	套	1	2312000	2312000
3	除渣设备	振动输送机（DZS-3I Q=20m³/h）2 台，电磁除铁器（RCDC-12 B=1200mm）1 台，耐高温带式输送机（B=1200mm，L=40m）1 台，钢构件 4t	套	1	286000	286000
合计			元	—	—	4155300
单位处理量指标			元/t	—	—	3957

工程特征：水处理系统、额定日处理能力 1050t。

单位：t/d

指标编号				10F-119	
项目			单位	水处理系统	占指标基价（%）
指标基价			元	2607	100.00
一、建筑安装工程费			元	223	8.55
二、设备购置费			元	2384	91.45
建筑安装工程费					
直接费	人工费	人工	工日	1	—
		措施费分摊	元	1	—
		人工费小计	元	45	1.73
	材料费	无缝钢管 综合	kg	0.3	—
		不锈钢	kg	0.36	—
		其他材料费	元	73	—
		措施费分摊	元	7	—
		材料费小计	元	88	3.38
	机械费	机械费	元	30	—
		措施费分摊	元	1	—
		机械费小计	元	31	1.18
	直接费小计		元	164	6.29
综合费用			元	59	2.26
合计（含管线）			元	223	—

设备购置费

序号	系统名称	设备名称、规格、数量	单位	数量	单价	合价
1	原水预处理设施	一体化原水预处理设施（含安装）（钢混结构）（200m³/h	套	1	517500	517500
2	反渗透除盐水系统	15m³/h（FW＋RO＋EDI）方式 带PLC控制	套	1	1660730	1660730
3	循环水处理系统	加药计量泵（J–125/1.0 N=0.55kW）带搅拌器（JL–2 N=1.1kW）	套	3	81000	243000
4	给水炉水校正处理系统	柱塞式计量泵（JYM50/6.3）3台磷酸盐溶液箱（ϕ1000）2台	套	1	82000	82000
合计			元	—	—	2503230
单位处理量指标			元/t	—	—	2384

工程特征：供水系统、额定日处理能力 1050t。

单位：t/d

指标编号				10F-120	
项目			单位	供水系统	占指标基价（%）
指标基价			元	4124	100.00
一、建筑安装工程费			元	1768	42.87
二、设备购置费			元	2356	57.13
建筑安装工程费					
直接费	人工费	人工	工日	3	—
		措施费分摊	元	1	—
		人工费小计	元	93	2.26
	材料费	钢管 综合	kg	116.19	—
		阀门	个	0.07	—
		其他材料费	元	160	—
		措施费分摊	元	14	—
		材料费小计	元	1362	33.03
	机械费	机械费	元	64	—
		措施费分摊	元	1	—
		机械费小计	元	65	1.57
	直接费小计		元	1520	36.86
综合费用			元	248	6.01
合　计			元	1768	—

设备购置费

序号	系统名称	设备名称、规格、数量	单位	数量	单价	合价
1	取水泵房	取水泵（200LS2-38 N=55kW）2 台，旋流除砂器（SYS-250S/DQ 200m³/h）1 台，手动单轨小车及手拉葫芦起重量（2t）1 套，移动式潜污泵（50QW10-10-1.0）1 台	套	1	105000	105000
2	循环泵房	循环水泵（SMGW350-370（Ⅰ）N=160kW）4 台，旁滤水泵（FLG100-200A N=18.5kW）2 台，差压式全自动过滤机（BY2D-308D Q=200m³/h）1 台，潜水泵 2 台、手动起重设备（1t）1 台	套	1	818200	818200
3	冷却塔	中温玻璃钢冷却塔（含安装）（GNZF-2500 Q=2500m³/h，N=110kW t1=43℃,t2=33℃）（钢混结构）	座	2	750000	1500000
4	综合水泵房	生产水泵（变频控制）（FLG80-200（Ⅰ）A N=18.5kW）3 台，潜水泵 2 台、手动起重设备（1t）1 台	套	1	51000	51000
合　计			元	—	—	2474200
单位处理量指标			元/t	—	—	2356

工程特征：电气系统、额定日处理能力 1050t。

单位：t/d

指标编号				10F-121	
项　　目			单位	电气系统	占指标基价（%）
指标基价			元	27974	100.00
一、建筑安装工程费			元	12343	44.12
二、设备购置费			元	15631	55.88
建筑安装工程费					
直接费	人工费	人工	工日	27	—
		措施费分摊	元	12	—
		人工费小计	元	841	3.01
	材料费	钢材　综合	kg	43.07	—
		钢管　综合	kg	79.71	—
		电缆	m	99.96	—
		其他材料费	元	2379	—
		措施费分摊	元	130	—
		材料费小计	元	9508	33.99
	机械费	机械费	元	182	—
		措施费分摊	元	7	—
		机械费小计	元	189	0.68
	直接费小计		元	10538	37.67
综合费用			元	1805	6.45
合计（含全厂电缆及接地）			元	12343	—

设备购置费

序号	系统名称	设备名称、规格、数量	单位	数量	单价	合价
1	发电机电气及引出线	汽轮发电机（随汽机配套）（7.5MW）2 台，高压开关柜（XGN2-10）8 台	套	1	640000	640000
2	35kV 主变压器系统	主变压器（双卷）（S10-10000/35）2 台 避雷器（含在线监测仪）2 个	套	2	1101375	2202750
3	35kV 配电装置	35kV 高压开关柜（KYN2-40.5）	台	7	150000	1050000
4	主控及直流系统	各种保护控制屏 19 面，网络计算机系统 1 套，220V 蓄电池组（500AH）1 套，交流不停电电源系统（UPS）（40kV·A）1 套，直流润滑油泵控制箱 2 台	套	1	1937000	1937000
5	厂用电系统	10kV 高压开关柜（KYN28A-12）27 面，厂用干式变压器（SCB10-1600 10.5/0.4kV）5 台，（SCB10-800 10.5/0.4kV）2 台，低压抽屉式开关柜 （MNS 型）69 面，变频柜 9 台，控制箱 32 台，电梯安装 1 部	套	1	10323800	10323800
6	通信系统	数字程控调度电话交换机（100 门）1 套，设备电源柜及电池 1 套，配线柜 200 回线 1 套，网络设备柜 1 套，TO 综合布线箱 1 台，电视分配器箱 3 个，放大器箱 1 个	项	1	258550	258550
合　计			元	—	—	16412100
单位处理量指标			元/t	—	—	15631

工程特征：热工控制系统、额定日处理能力 1050t。

单位：t/d

指标编号				10F-122	
项目			单位	热工控制系统	占指标基价（%）
指标基价			元	11467	100.00
一、建筑安装工程费			元	4575	39.90
二、设备购置费			元	6892	60.10
建筑安装工程费					
直接费	人工费	人工	工日	14	—
		措施费分摊	元	6	—
		人工费小计	元	435	3.79
	材料费	钢材 综合	kg	11.92	—
		钢管 综合	kg	17.87	—
		电缆	m	69.59	—
		其他材料费	元	1040	—
		措施费分摊	元	67	—
		材料费小计	元	3311	28.87
	机械费	机械费	元	65	—
		措施费分摊	元	4	—
		机械费小计	元	69	0.60
	直接费小计		元	3815	33.27
综合费用			元	760	6.63
合计			元	4575	—

设备购置费

序号	系统名称	设备名称、规格、数量	单位	数量	单价	合价
1	控制系统	分散控制系统（DCS）（2000控制点）1套，烟气在线系统3套，全厂电视监视系统（包括23套摄像机,21inch监视器,16路硬盘录像机等）1套	套	1	5004200	5004200
2	单项控制	汽包水位、炉膛火焰工业电视各2套,模拟屏10m×3m 1套，热控电源柜、配电柜各2面,火灾探测报警控制系统（100点）1套	套	1	638344	638344
3	就地仪表	控制调节安全监控装置（包括：热电偶、差压变送器、过程开关SOR、电动调节阀、锅炉汽包液位计、涡轮流量计、燃油流量计、氧量计、机翼式测风装置等）	套	1	1594040	1594040
合计			元	—	—	7236584
单位处理量指标			元/t	—	—	6892

工程特征：附属生产系统、额定日处理能力 1050t。

单位：t/d

指标编号				10F-123	
项　目			单位	附属生产系统	占指标基价（%）
指标基价			元	5596	100.00
一、建筑安装工程费			元	107	1.91
二、设备购置费			元	5489	98.09
建筑安装工程费					
直接费	人工费	人工	工日	1	—
		措施费分摊	元	1	—
		人工费小计	元	18	0.33
	材料费	阀门	个	0.01	—
		其他材料费	元	47	—
		措施费分摊	元	3	—
		材料费小计	元	56	1.00
	机械费	机械费	元	8	—
		措施费分摊	元	0	—
		机械费小计	元	8	0.14
	直接费小计		元	82	1.47
综合费用			元	25	0.45
合　计			元	107	—

设备购置费

序号	系统名称	设备名称、规格、数量	单位	数量	单价	合价
1	机修设备	普通机加设备，交直流电焊机、钳工台等	套	1	442350	442350
2	汽水化验室设备	仪器仪表，药品柜，仪器柜，实验台等	套	1	145870	145870
3	垃圾化验室设备	仪器仪表	套	1	296550	296550
4	电气试验室设备	仪器仪表	套	1	100000	100000
5	热工试验室设备	仪器仪表	套	1	100000	100000
6	环保工程设备	垃圾渗滤液处理回用成套设备（含安装费）用日处理水量（150t/d）	套	1	4369200	4369200
		污废水处理站设备	套	1	310000	310000
合　计			元	—	—	5763970
单位处理量指标			元/t	—	—	5489

2.2.2.3 额定日处理能力 1200t

工程特征：垃圾焚烧系统、额定日处理能力 1200t。

单位：t/d

指标编号			10F-124	
项目		单位	垃圾焚烧系统	占指标基价（%）
指标基价		元	34652	100.00
一、建筑安装工程费		元	7547	21.78
二、设备购置费		元	27105	78.22
建筑安装工程费				
直接费	人工费	人工	工日	47	
		措施费分摊	元	21	—
		人工费小计	元	1480	4.27
	材料费	钢材 综合	kg	139.17	—
		钢管 综合	kg	13.33	—
		其他材料费	元	1242	—
		措施费分摊	元	228	—
		材料费小计	元	2154	6.22
	机械费	机械费	元	1942	—
		措施费分摊	元	13	—
		机械费小计	元	1955	5.64
	直接费小计		元	5589	16.13
综合费用			元	1958	5.65
合计			元	7547	—

设备购置费

序号	系统名称	设备名称、规格、数量	单位	数量	单价	合价
1	焚烧炉本体设备	循环流化床垃圾焚烧炉（CG-55/3.82-MXLJ t=450）垃圾处理量（400t/d）	套	3	10125000	30375000
2	一次风机	一次风机（10-18 NO 16D N=450kW）	台	3	198848	596544
3	二次风机	二次风机（9-281 NO 14D N=75kW）	台	3	59940	179820
4	引风机	引风机（液力耦合器）（Y5-42 NO 25D N=500kW）	台	3	336936	1010808
5	高压风机	罗茨风机（JAS-250 N=75kW）	台	6	35700	214200
6	焚烧炉其他辅助设备	定期排污扩容器（DP3.5）1 台，减温减压装置 （Y-10-3.82/450-/0.3/160）1 台，螺杆泵（G40-2 Q=5.8m^3/h P=1.2MPa N=5.5kW）2 台，渗沥液水箱（20m^3）1 台，排气消声器（DN80）3 台，自动搅匀排污泵（50-10-15 1.5kW）2 台	项	1	149100	149100
合计			元	—	—	32525472
单位处理量指标			元/t	—	—	27105

工程特征：余热利用系统、额定日处理能力 1200t。

单位：t/d

指标编号				10F-125	
项目			单位	余热利用系统	占指标基价（%）
指标基价			元	19654	100.00
一、建筑安装工程费			元	1142	5.81
二、设备购置费			元	18512	94.19
建筑安装工程费					
直接费	人工费	人工	工日	8	—
		措施费分摊	元	3	—
		人工费小计	元	242	1.23
	材料费	钢材 综合	kg	6.21	—
		其他材料费	元	331	—
		措施费分摊	元	37	—
		材料费小计	元	391	1.99
	机械费	机械费	元	197	—
		措施费分摊	元	2	—
		机械费小计	元	199	1.01
	直接费小计		元	831	4.23
综合费用			元	311	1.58
合计			元	1142	—

设备购置费

序号	系统名称	设备名称、规格、数量	单位	数量	单价（元）	合价（元）
1	汽轮机	汽轮机（N12-3.43-1 N=12MW） 发电机（QFW-12-2 N=12000kW）	台	3	6850000	20550000
2	电动双钩桥式起重机	Q=20/5t LK=22.5m H=16m	台	1	400000	400000
3	给水泵	DG85-67X9 Q=85m^3/h H=604m 250kW	台	4	90000	360000
4	中压热力除氧器（含水箱）	Q=75t/h 水箱（30m^3）	台	2	180000	360000
5	汽轮发电机其他辅机设备	凝结水泵，低位水泵，疏水扩容器，疏水泵，连续排污扩容器，油泵，滤水器，移动式滤油机，排气消声器，水箱	项	1	544980	544980
合计			元	—	—	22214980
单位处理量指标			元/t	—	—	18512

工程特征：烟气净化系统、额定日处理能力 1200t。

单位：t/d

指标编号		10F-126	
项　目	单位	烟气净化系统	占指标基价（%）
指标基价	元	18501	100.00
一、建筑安装工程费	元	—	—
二、设备购置费	元	18501	100.00

设备购置费

序号	系统名称	设备名称、规格、数量	单位	数量	单价	合价
1	烟气净化设备	烟气净化装置（含置浆装置、灰仓、输灰管道及设备运费、安装费）	套	3	7400500	22201500
合　计			元	—	—	22201500
单位处理量指标			元/t	—	—	18501

工程特征：垃圾焚烧系统、额定日处理能力 1200t。包括主蒸汽管道、主给水管道、锅炉排污管道、抽汽管道、中低压给水管道、凝结水管道、疏放水管道、循环水管道、汽封管道、抽真空管道、除盐水管道、润滑油管道、锅炉水冲洗管道及厂区汽、水管道等。

单位：t/d

指标编号			10F-127	
项　目		单位	热力系统汽水管道	占指标基价（%）
指标基价		元	2518	100.00
一、建筑安装工程费		元	2518	100.00
二、设备购置费		元	—	—
建筑安装工程费				
直接费	人工费	人工	工日	5	—
		措施费分摊	元	2	—
		人工费小计	元	156	6.20
	材料费	钢材 综合	kg	3.25	—
		钢管 综合	kg	107.74	—
		阀门	个	0.62	—
		其他材料费	元	152	—
		措施费分摊	元	24	—
		材料费小计	元	1876	74.50
	机械费	机械费	元	113	—
		措施费分摊	元	1	—
		机械费小计	元	114	4.53
	直接费小计		元	2146	85.23
综合费用			元	372	14.77
合　计			元	2518	—

工程特征：包括锅炉炉墙筑炉及本体保温，设备及烟风道复合硅酸盐板保温及油漆，汽水管道复合硅酸盐管壳保温油及油漆。

单位：t/d

指标编号				10F-128	
项目			单位	热力系统保温油漆	占指标基价（%）
指标基价			元	5670	100.00
一、建筑安装工程费			元	5670	100.00
二、设备购置费			元	—	—
建筑安装工程费					
直接费	人工费	人工	工日	13	—
		措施费分摊	元	6	—
		人工费小计	元	418	7.37
	材料费	复合硅酸盐板（24~120kg/m^3）	m^3	0.17	—
		复合硅酸盐管壳（24~120kg/m^3）	m^3	0.21	—
		镀锌铁皮 δ=0.5	m^2	7.22	—
		保温耐火材料	元	3150	—
		其他材料费	元	353	—
		措施费分摊	元	65	—
		材料费小计	元	4216	74.36
	机械费	机械费	元	139	—
		措施费分摊	元	4	—
		机械费小计	元	143	2.52
	直接费小计		元	4777	84.25
综合费用			元	893	15.75
合计			元	5670	—

单位：t/d

指标编号				10F-129	
项目			单位	燃料供应系统	占指标基价（%）
指标基价			元	11811	100.00
一、建筑安装工程费			元	1264	10.70
二、设备购置费			元	10547	89.30
建筑安装工程费					
直接费	人工费	人工	工日	8	—
		措施费分摊	元	3	—
		人工费小计	元	246	2.08
	材料费	钢材 综合	kg	35	—
		钢管 综合	kg	1.93	—
		其他材料费	元	267	—
		措施费分摊	元	38	—
		材料费小计	元	596	5.05
	机械费	机械费	元	93	—
		措施费分摊	元	2	—
		机械费小计	元	95	0.80
直接费小计			元	937	7.93
综合费用			元	327	2.77
合 计			元	1264	—

设备购置费

序号	系统名称	设备名称、规格、数量	单位	数量	单价（元）	合价（元）
1	垃圾称量设备	电子汽车称重仪（SCS-40 Q=40t）	台	2	130000	260000
		电动垃圾卸料门[3400×5000(h)]	台	12	80000	960000
2	垃圾给料系统	双链板给料机（30t/h）	台	3	1380000	4140000
		钢制垃圾料斗（h=3.2m）	台	3	160000	480000
		垃圾破碎机（20t/h）	台	1	460000	460000
		六瓢抓斗桥式起重机（Q=10t LK=22.5m）V=6m^3（含控制系统）	台	2	1650000	3300000
		电动葫芦（$CD_1$2-36D）	台	1	10000	10000
3	储煤设备	抓斗桥式起重机（Q=10t LK28.5m V=5m^3）	台	2	650000	1300000
		轮式装载机（ZL-40）	台	1	280000	280000
4	上煤设备	3号带式输送机(B=500 L=57.2m) 1台 密封带式输送机（B=500 L=4.6m）6台 电液犁式卸料器(DYN-500-S B=500）7台 布袋除尘机组(MMD48AI Q=5840m^3/h)3台 钢煤斗 3个 电动葫芦（CD2-26D Q=2t H=26m）1台	套	1	698820	698820
5	输煤设备	给煤机装置（50t/h）1台，1、2号带式输送机（B=500）各1台，电磁除铁器 1台，概动筛 （50~100t/h）1台，可逆破碎机 （Q=30~60t/h）1台，除尘机组（MMD 481 Q=5840 m^3/h）2台，电动悬挂起重机（LX 5t LK=5m H=18m）1台，手动单轨小车（3t、2t）各1台,手拉葫芦（3t 4m）1台	套	1	662685	662685
6	燃油供应系统	油罐及附件（V=20 m^3）1台，油泵（2.2kW）2台	套	1	105100	105100
合 计			元	—	—	12656605
单位处理量指标			元/t	—	—	10547

工程特征：灰渣处理系统、额定日处理能力 1200t。

单位：t/d

指标编号				10F-130	
项目			单位	灰渣处理系统	占指标基价（%）
指标基价			元	6279	100.00
一、建筑安装工程费			元	814	12.97
二、设备购置费			元	5465	87.03
建筑安装工程费					
直接费	人工费	人工	工日	4	—
		措施费分摊	元	2	—
		人工费小计	元	137	2.18
	材料费	钢材 综合	kg	31.67	—
		钢管 综合	kg	1.67	—
		其他材料费	元	169	—
		措施费分摊	元	21	—
		材料费小计	元	425	6.77
	机械费	机械费	元	59	—
		措施费分摊	元	1	—
		机械费小计	元	60	0.96
	直接费小计		元	622	9.91
综合费用			元	192	3.06
合计（含站内管线）			元	814	—

设备购置费

序号	系统名称	设备名称、规格、数量	单位	数量	单价（元）	合价（元）
1	飞灰固化设备	钢制水泥储仓，埋刮板输送机，称重给料机，缓冲料斗，强制式搅拌机 JS 型，仓顶收尘器，转运叉车 CPCD30WF，模具等	套	1	1355800	1355800
2	空压机设备	螺杆压缩机（Q=23 m^3/min P=1.0MPa）4 台，水冷式冷冻干燥机 JS-（200WC Q=28.5 m^3/min）4 台，油水分离器（SLY-30 Q=30 m^3/min）4 台，缓冲罐（V= 20m^3）1 个，及配套其他设备	套	1	1913200	1913200
3	除渣设备	振动给料机（ϕ400×2000）3 台，水冷滚筒冷渣机（ϕ1020×6350）3 台，斗式提升机（THG160 Q=3t/h H=20m）2 台，斗链输送机 4 台，带式输送机（TDII B=1000 L=24.28m）1 台，电液犁式卸料器（DYN-1000－S B=1000）7 台，电磁除铁器（RCDD-10 B=1000）1 台，钢制渣斗（90 m^3）10 个等	套	1	3288750	3288750
合计			元	—	—	6557750
单位处理量指标			元/t	—	—	5465

工程特征：水处理系统、额定日处理能力 1200t。

单位：t/d

指标编号				10F-131	
项目			单位	水处理系统	占指标基价（%）
指标基价			元	1737	100.00
一、建筑安装工程费			元	140	8.06
二、设备购置费			元	1597	91.94
建筑安装工程费					
直接费	人工费	人工	工日	1	—
		措施费分摊	元	1	—
		人工费小计	元	36	2.07
	材料费	钢材 综合	kg	0.53	—
		钢管 综合	kg	0.17	—
		其他材料费	元	27	—
		措施费分摊	元	6	—
		材料费小计	元	38	2.19
	机械费	机械费	元	22	—
		措施费分摊	元	1	—
		机械费小计	元	23	1.32
	直接费小计		元	97	5.58
综合费用			元	43	2.48
合计（含管线）			元	140	—

设备购置费

序号	系统名称	设备名称、规格、数量	单位	数量	单价（元）	合价（元）
1	反渗透除盐水系统	16.5 m^3/h（FW + RO + EDI）方式 带 PLC 控制	套	1	1440000	1440000
2	循环水处理系统	加药计量泵 J-125/1.0 N=0.55kW，带搅拌器 JL-2 N=1.1kW	套	4	81500	326000
3	给水炉水校正处理系统	磷酸盐炉内加药装置	套	1	150000	150000
合计			元	—	—	1916000
单位处理量指标			元/t	—	—	1597

工程特征：供水系统、额定日处理能力 1200t。

单位：t/d

<table>
<tr><td colspan="3">指 标 编 号</td><td colspan="3">10F-132</td></tr>
<tr><td colspan="3">项　　目</td><td>单位</td><td>供水系统</td><td>占指标基价（%）</td></tr>
<tr><td colspan="3">指 标 基 价</td><td>元</td><td>5974</td><td>100.00</td></tr>
<tr><td colspan="3">一、建筑安装工程费</td><td>元</td><td>2277</td><td>38.12</td></tr>
<tr><td colspan="3">二、设备购置费</td><td>元</td><td>3697</td><td>61.88</td></tr>
<tr><td colspan="6">建筑安装工程费</td></tr>
<tr><td rowspan="14">直接费</td><td rowspan="3">人工费</td><td>人工</td><td>工日</td><td>4</td><td>—</td></tr>
<tr><td>措施费分摊</td><td>元</td><td>2</td><td>—</td></tr>
<tr><td>人工费小计</td><td>元</td><td>117</td><td>1.96</td></tr>
<tr><td rowspan="6">材料费</td><td>钢材 综合</td><td>kg</td><td>0.83</td><td>—</td></tr>
<tr><td>钢管 综合</td><td>kg</td><td>152.5</td><td>—</td></tr>
<tr><td>阀门</td><td>个</td><td>0.11</td><td>—</td></tr>
<tr><td>其他材料费</td><td>元</td><td>311</td><td>—</td></tr>
<tr><td>措施费分摊</td><td>元</td><td>18</td><td>—</td></tr>
<tr><td>材料费小计</td><td>元</td><td>1753</td><td>29.35</td></tr>
<tr><td rowspan="3">机械费</td><td>机械费</td><td>元</td><td>90</td><td>—</td></tr>
<tr><td>措施费分摊</td><td>元</td><td>1</td><td>—</td></tr>
<tr><td>机械费小计</td><td>元</td><td>91</td><td>1.52</td></tr>
<tr><td colspan="2">直接费小计</td><td>元</td><td>1961</td><td>32.83</td></tr>
<tr><td colspan="3">综合费用</td><td>元</td><td>316</td><td>5.29</td></tr>
<tr><td colspan="3">合计（含泵房内管线及厂区循环管线）</td><td>元</td><td>2277</td><td>—</td></tr>
</table>

设备购置费

序号	系统名称	设备名称、规格、数量	单位	数量	单价（元）	合价（元）
1	取水泵房主要设备	取水泵（KD150/400-45/4 Q=200m³/h，N=45kW）3 台，差压式全自动过滤机（BYZD-310B）2 台，旋流除砂器（WD-300/250XS）2 台，手动单轨小车及手拉葫芦起重量（2t）1 套，移动式潜污泵（50QW10-10-1.0）1 台	套	1	371500	371500
2	循环泵房主要设备	循环水泵（SMGW600-610B 280kW）4 台，差压式全自动过滤机（BYZD-308D Q=200 m³/h）1 台，潜水泵（150QW200-22-22）2 台，手动单梁起重机（SDXQ Lk=6.0m，5t）1 台，潜水泵（50QW10-10-1.1）2 台	套	1	1304200	1304200
3	冷却塔	中温玻璃钢冷却塔（含安装）GNZF-3000 Q=3000m³/h，N=110kW	台	3	900500	2701500
4	综合水泵房主要设备	生产水泵（KDLD150-20（2）N=30kW）2 台，冷却水补水泵（KDL150/185-11/4 N=11kW）1 台，潜污泵（50QW-10-10-1.1）1 台，手动单轨小车（SG-1 Q=1.0T）1 台	套	1	59500	59500
	合　计		元	—	—	4436700
	单位处理量指标		元/t	—	—	3697

工程特征：电气系统、额定日处理能力 1200t。

单位：t/d

指标编号				10F-133	
项　目			单位	电气系统	占指标基价（%）
指标基价			元	30388	100.00
一、建筑安装工程费			元	11633	38.28
二、设备购置费			元	18755	61.72
建筑安装工程费					
直接费	人工费	人工	工日	26	—
		措施费分摊	元	12	—
		人工费小计	元	831	2.73
	材料费	钢材 综合	kg	40	—
		钢管 综合	kg	51.67	—
		电缆	m	64.52	—
		其他材料费	元	2725	—
		措施费分摊	元	128	—
		材料费小计	元	8827	29.05
	机械费	机械费	元	157	—
		措施费分摊	元	7	—
		机械费小计	元	164	0.54
	直接费小计		元	9822	32.32
综合费用			元	1811	5.96
合计（含电缆及接地）			元	11633	—

设备购置费

序号	系统名称	设备名称、规格、数量	单位	数量	单价（元）	合价（元）
1	发电机电气及引出线	汽轮发电机（QFW-12-2A 12MW）3台，高压开关柜 18 台，电流互感器(1200/5A）18台，氧化锌避雷器 3 台	套	1	1719000	1719000
2	主变压器系统	电力变压器（SF10-16000/110）3 台 避雷器 3 台 隔离开关（100A）3 台 中性点电流互感器（50/5A）3 台	套	1	4188000	4188000
3	110kV 屋内配电装置	单极隔离开关（GW8-60G（W）100A）3 台 断路器 3 台 各种互感器 12 台 避雷器 3 台 隔离开关（80kA）5 组	套	1	471000	471000
4	主控及直流系统	各种保护控制屏（装置）35 面，网络计算机系统 1 套，220V 蓄电池组（400AH）1 套，电气综合自动化系统 1 套，10kV PT 消谐装置 3 套	套	1	3539000	3539000
5	厂用电系统	变压器（SCB10-1600kV·A）3 台，变压器 SCB10-1250kV·A 3 台，10kV 高压开关柜 48 台，低压配电柜 MNS 88 面，变频柜 6 台，动力箱、控制箱等	套	1	12396000	12396000
6	通信系统	数字程控调度电话交换机（64 门）2 台，信息网络机柜 2 台，设备电源柜及电池（50A）1 台，配线架 1 台，电话分机 55 个	项	1	192400	192400
合　计			元	—	—	22505400
单位处理量指标			元/t	—	—	18755

工程特征：热工控制系统、额定日处理能力 1200t。

单位：t/d

指标编号				10F-134	
项　目			单位	热工控制系统	占指标基价（%）
指标基价			元	12401	100.00
一、建筑安装工程费			元	4502	36.30
二、设备购置费			元	7899	63.70
建筑安装工程费					
直接费	人工费	人工	工日	12	—
		措施费分摊	元	5	—
		人工费小计	元	365	2.94
	材料费	钢材 综合	kg	10	—
		钢管 综合	kg	60	—
		电缆	m	54.29	—
		其他材料费	元	1103	—
		措施费分摊	元	56	—
		材料费小计	元	3330	26.86
	机械费	机械费	元	67	—
		措施费分摊	元	3	—
		机械费小计	元	70	0.56
	直接费小计		元	3765	30.36
综合费用			元	737	5.94
合计（含热工电缆）			元	4502	—

设备购置费

序号	系统名称	设备名称、规格、数量	单位	数量	单价（元）	合价（元）
1	控制系统设备	分散控制系统（DCS）3000 控制点）1 套，烟气在线系统 3 套，全厂电视监视系统（包括 23 套摄像机,21inch 监视器 6 台,硬盘录像机等）1 套	套	1	6231400	6231400
2	单项控制设备	热工自动化试验设备 1 套，模拟屏（10m×3.5m）1 套，热工配电柜 2 台,上位机 1 套（8 站），汽机 DEH 机柜 3 套，火灾探测报警控制系统（300 点）1 套	套	1	990166	990166
3	就地仪表	控制调节安全监控装置（包括：热电偶、差压变送器、电动调节阀、锅炉汽包液位计、涡轮流量计、燃油流量计、氧量计等）	套	1	2256850	2256850
合　计			元	—	—	9478416
单位处理量指标			元/t	—	—	7899

工程特征：附属生产系统、额定日处理能力 1200t。

单位：t/d

指标编号				10F-135	
项目			单位	附属生产系统	占指标基价（%）
指标基价			元	1580	100.00
一、建筑安装工程费			元	93	5.89
二、设备购置费			元	1487	94.11
建筑安装工程费					
直接费	人工费	人工	工日	1	—
		措施费分摊	元	1	—
		人工费小计	元	15	0.96
	材料费	钢材 综合	kg	1	—
		钢管 综合	kg	1	—
		其他材料费	元	40	—
		措施费分摊	元	2	—
		材料费小计	元	49	3.10
	机械费	机械费	元	6	—
		措施费分摊	元	1	—
		机械费小计	元	7	0.44
	直接费小计		元	71	4.50
综合费用			元	22	1.39
合 计			元	93	—

设备购置费

序号	系统名称	设备名称、规格、数量	单位	数量	单价（元）	合价（元）
1	机修设备	普通机加设备、交直流电焊机、钳工台等	套	1	442350	442350
2	汽水化验室设备	仪器仪表，资料柜，药品柜，仪器柜，实验台等	套	1	145872	145872
3	垃圾化验室设备	仪器仪表	套	1	296550	296550
4	电气试验室设备	仪器仪表	套	1	100000	100000
5	热工试验室设备	仪器仪表	套	1	100000	100000
6	环保工程设备	污废水处理站设备（A/O 生物处理系统 3 m^3/h ）	套	1	300000	300000
		离子王除臭装置 10000 m^3/h	套	1	400000	400000
合 计			元	—	—	1784772
单位处理量指标			元/t	—	—	1487

3 中转站工程指标

说　明

一、适用范围

本综合指标是依据近期各地设计和建设的有代表性的生活垃圾中转站工程项目的经济技术资料编制而成，本综合指标所涉及的生活垃圾中转站工程投资估算指标适用于中转站的新建、扩建工程，不适用于维修和技术改造工程以及有毒、有害废物和危险废物的垃圾处理工程和技术改造工程。

二、指标项目划分及编制说明

1. 综合指标：按中转站建设规模额定日转运能力分为 1000t/d、600t/d、100t/d、50t/d4 个项目。由于本指标是根据典型工程编制，因此指标中包含的分项内容未作统一要求。使用时应注意项目基本情况的描述及日转运量大小进行调整。

2. 分项指标：反映不同规模的生活垃圾中转站单项建筑物及构筑物指标和设备购置及安装工程指标。分项指标项目划分根据生活垃圾中转站的特点，按项目构成分为建筑工程和设备购置及安装工程两部分。建筑工程考虑了建筑安装工程费；设备购置及安装工程考虑了压缩工艺的系统性，并按工艺系统编制指标。

三、其他需要说明的问题

1. 设备购置及安装工程分项指标中的设备及安装工程是指与中转站压缩工艺有关的压缩设备及安装工程。给排水工艺管道及阀门、电力电缆、控制电缆、滑触线、暖气片等均计入建安工程费中。

2. 分项指标中所列设备购置是指用于生活及附属于厂房的各种设备（如压缩设备、机修附属设备、锅炉等），其安装费已包含在设备购置费中。

3. 综合指标中分项工程费用包括建筑安装工程费和压缩设备、垃圾转运车辆、地磅等附属设备，不包括垃圾收运系统。

4. 有温度要求的单项工程的分项指标中，未区分地域差别暂按北京地区考虑了采暖和空调工程，使用时应根据地域差别注意调整。

5. 分项指标列有工程特征说明，介绍了单项工程的工艺标准、结构特征、主要做法等内容，以便选择时参考比较。当条件相差较大，设计标准不同时，应按工程实际情况进行调整。

6. 指标中设备均按国产设备考虑。

四、工程量计算规则

1. 生活垃圾中转站工程综合指标按额定日中转能力“元/t”计算。

2. 分项指标中装运车间、机修车间、业务用房、传达室以建筑物面积“m^2”计算。

3. 分项指标中引桥以水平投影面积“m^2”计算。

4. 分项指标中场区供热、给排水以管道长度“m”计算。

5. 分项指标中地下油库单体以“座”计算。

6. 分项指标中沉淀池、污水池、喷水池以单体“m^3”计算。

7. 分项指标中场区电气以电缆长度“m”计算。

8. 分项指标中围墙以长度“m”计算。

3.1 综 合 指 标

工程特征：钢筋混凝土独立基础，钢筋混凝土框架柱、梁，页岩砖砌体，轻钢屋面，铝合金卷帘门，塑钢门窗；垂直式压缩。

单位：t/d

指 标 编 号				10Z-019	
项 目			单位	日转运量 50t 以内	占指标基价（%）
指 标 基 价			元	19760	100.00
一、建筑安装工程费			元	8710	44.08
二、设备购置费			元	7200	36.44
三、工程建设其他费用			元	2386	12.08
四、基本预备费			元	1464	7.40
建筑安装工程费					
直接费	人工费	人工	工日	29	—
		措施费分摊	元	15	—
		人工费小计	元	915	4.63
	材料费	钢筋 ϕ10 以内	kg	72.07	—
		钢筋 ϕ10 以外	kg	283.72	—
		水泥 综合	kg	405.12	—
		标准砖	块	1104.43	—
		砂子	kg	1625.59	—
		铁件	kg	21.22	—
		预拌混凝土 C25	m^3	3.04	—
		塑钢单玻推拉窗	m^2	0.31	—
		钢檩条	kg	24.60	—
		钢支撑	kg	8.20	—
		弹性涂料	kg	2.72	—
		其他材料费	元	2912	—
		措施费分摊	元	160	—
		材料费小计	元	6186	31.31
	机械费	机械费	元	148	—
		措施费分摊	元	9	—
		机械费小计	元	157	0.79
	直接费小计		元	7258	36.73
综合费用			元	1452	7.35
合 计			元	8710	—

分项工程费用

单位：t/d

序号	指 标 编 号		10Z-019	
	名 称	单位	数 量	费用（元）
中转站				
1	生产管理用房	m^2	1	2484
2	中转站	m^2	3	6226
3	压缩设备	项	—	5200
4	运输车辆（5t）	项	—	2000
合 计		元	—	15910

工程特征：钢筋混凝土独立基础、条形基础,钢筋混凝土框架柱、梁，页岩砖砌体，屋面为单层有檩式压型钢板。水平密封直压式。

单位：t/d

指标编号				10Z-020	
项目			单位	日转运量 100t 以内	占指标基价（%）
指标基价			元	27722	100.00
一、建筑安装工程费			元	13521	48.77
二、设备购置费			元	8800	31.74
三、工程建设其他费用			元	3348	12.08
四、基本预备费			元	2054	7.41
建筑安装工程费					
直接费	人工费	人工	工日	26	—
		措施费分摊	元	30	—
		人工费小计	元	837.00	3.02
	材料费	钢筋 ϕ10 以内	kg	23.26	—
		钢筋 ϕ10 以外	kg	100.34	—
		水泥 综合	kg	359.68	—
		标准砖	块	602.00	—
		砂子	kg	1243.97	—
		铁件	kg	11.37	—
		预拌混凝土 C25	m^3	2.13	—
		钢屋架	kg	288.20	—
		钢檩条	kg	205.30	—
		钢支撑	kg	12.50	—
		弹性涂料	kg	8.05	—
		其他材料费	元	5011	—
		措施费分摊	元	322	—
		材料费小计	元	9847	35.52
	机械费	机械费	元	381	—
		措施费分摊	元	18	—
		机械费小计	元	399	1.44
	直接费小计		元	11083	39.98
综合费用			元	2438	8.79
合计				13521	—

分项工程费用

单位：t/d

序号	指标编号		10Z-020	
	名称	单位	数量	费用（元）
中转站				
1	生产管理用房	m^2	0.60	2053
2	中转站	m^2	3.50	4865
4	停车站场	m^2	7.34	6602
5	压缩设备	项	—	6800
6	运输车辆（8t）	项	—	2000
合计			—	22321

工程特征： 钢筋混凝土独立基础、条形基础,钢筋混凝土框架柱、梁，页岩砖砌墙，转运车间部分钢筋混凝土结构，部分轻钢结构。水平压缩（非预压）。

单位：t/d

指标编号			单位	10Z-021	
项目			单位	日转运量 600t 以内	占指标基价（%）
指标基价			元	56892	100.00
一、建筑安装工程费			元	16343	28.73
二、设备购置费			元	29464	51.79
三、工程建设其他费用			元	6871	12.08
四、基本预备费			元	4214	7.40
建筑安装工程费					
直接费	人工费	人工	工日	40	—
		措施费分摊	元	21	—
		人工费小计	元	1262	2.22
	材料费	钢筋 ϕ10 以内	kg	97.11	—
		钢筋 ϕ10 以外	kg	506.37	—
		水泥 综合	kg	475.39	—
		标准砖	块	1017.88	—
		砂子	kg	1670.67	—
		铁件	kg	5.23	—
		预拌混凝土 C25	m^3	5.66	—
		电缆桥架	m	0.86	—
		钢屋架	kg	10.13	—
		钢檩条	kg	5.08	—
		钢支撑	kg	3.23	—
		弹性涂料	kg	5.01	—
		其他材料费	元	6722	—
		措施费分摊	元	233	—
		材料费小计	元	11659	20.49
	机械费	机械费	元	573	—
		措施费分摊	元	13	—
		机械费小计	元	586	1.03
	直接费小计		元	13507	23.74
综合费用			元	2836	4.98
合计			元	16343	—

分项工程费用

单位：t/d

序号	指标编号		10Z-021	
	名称	单位	数量	费用（元）
一			中转区	
1	转运车间	m^2	3.13	4774
2	引桥	m^2	1.32	3599
3	压缩设备	项	—	14089
4	转运车辆	项	—	11440
5	其他项目	项	—	2150
	合计		—	36052
二			管理区	
1	业务用房	m^2	1.18	1863
2	传达室、地磅房	m^2	0.18	300
	合计		—	2163
三			总图	
1	运输车辆	项	—	1785
2	场区采暖	项	—	958
3	场区给排水	项	—	422
4	场区电气	项	—	920
5	围墙	项	—	727
6	道路及广场	项	—	1027
7	绿化	项	—	600
8	其他项目	项	—	1153
	合　计			7592

工程特征： 钢筋混凝土独立基础、条形基础,钢筋混凝土框架柱、梁，页岩砖砌墙，转运车间部分为钢筋混凝土结构，部分轻钢结构。水平压缩（非预压）。

单位：t/d

指标编号				10Z-022	
项目			单位	日转运量 600t 以外	占指标基价（%）
指标基价			元	53256	100.00
一、建筑安装工程费			元	13810	25.93
二、设备购置费			元	29069	54.58
三、工程建设其他费用			元	6432	12.08
四、基本预备费			元	3945	7.41
建筑安装工程费					
直接费	人工费	人工	工日	30	—
		措施费分摊	元	22	—
		人工费小计	元	953	1.79
	材料费	钢筋 ϕ10 以内	kg	93.45	—
		钢筋 ϕ10 以外	kg	416.19	—
		水泥 综合	kg	367.42	—
		标准砖	块	922.95	—
		砂子	kg	1662.36	—
		铁件	kg	5.17	—
		预拌混凝土 C25	m^3	5.53	—
		电缆桥架	m	0.75	—
		钢屋架	kg	20.05	—
		钢檩条	kg	8.77	—
		钢支撑	kg	4.23	—
		弹性涂料	kg	3.26	—
		其他材料费	元	5502	—
		措施费分摊	元	238	—
		材料费小计	元	10038	18.85
	机械费	机械费	元	315	—
		措施费分摊	元	14	—
		机械费小计	元	329	0.62
	直接费小计		元	11320	21.26
综合费用			元	2490	4.68
合计			元	13810	—

分项工程费用

单位：t/d

序号	指标编号		10Z-022	
	名称	单位	数量	费用（元）
一			中转区	
1	转运车间	m^2	2.84	4534
2	引桥	m^2	1.20	3358
3	压缩设备	项	—	17245
4	转运车辆	项	—	9240
5	其他项目	项	—	1008
	合计		—	35386
二			管理区	
1	业务用房	m^2	0.89	1541
2	传达室、地磅房、洗车坪	m^2	0.13	141
3	机修车间	m^2	0.22	296
	合计		—	1977
三			总图	
1	运输车辆	项	—	1575
2	场区采暖	项	—	232
3	场区给排水	项	—	457
4	场区电气	项	—	591
5	围墙	项	—	577
6	道路、停卸地及广场	项	—	1256
7	绿化	项	—	600
8	其他项目	项	—	228
	合　计			5516

3.2 分项指标

3.2.1 转运车间

工程特征：钢筋混凝土独立基础,钢筋混凝土框架柱、梁，页岩砖砌体,铝合金卷帘门，塑钢门窗。垂直式压缩。建筑面积：146m² 。

单位：m²

指标编号				10F-136	
项目			单位	日转运量50t以内	占指标基价（%）
指标基价			元	3745	100.00
一、建筑安装工程费			元	1965	52.46
二、设备购置费			元	1780	47.54
建筑安装工程费					
直接费	人工费	人工	工日	9	—
		措施费分摊	元	5	—
		人工费小计	元	284	7.58
	材料费	钢筋 ϕ10以内	kg	24.67	—
		钢筋 ϕ10以外	kg	97.12	—
		水泥 综合	kg	138.68	—
		标准砖	块	378.07	—
		砂子	kg	556.48	—
		铁件	kg	7.27	—
		预拌混凝土 C25	m³	1.04	—
		塑钢单玻门推拉窗	m²	0.11	—
		钢檩条	kg	6.06	—
		钢支撑	kg	2.82	—
		弹性涂料	kg	0.93	—
		SBS改性沥青油毡防水卷材 3mm	m²	0.51	—
		其他材料费	元	150	—
		措施费分摊	元	55	—
		材料费小计	元	1280	34.18
	机械费	机械费	元	48	—
		措施费分摊	元	3	—
		机械费小计	元	51	1.35
	直接费小计		元	1615	43.11
综合费用			元	350	9.35
合计				1965	—

设备购置费

序号	名称	单位	数量	单价（元）	合价（元）
1	压缩设备	台	1	260000	260000
	设备单位建筑面积指标	元/m²	—	—	1780

工程特征：钢筋混凝土独立基础、条形基础,钢筋混凝土框架柱、梁，页岩砖砌体，屋面有檩式单层双向压型钢板，围护结构为单层有檩式压型钢板，门式钢架，金属卷帘门，打孔钢板窗，水平密封直压式压缩。建筑面积：200m² 。

单位：m²

指标编号				10F-137	
项目			单位	日转运量 100t 以内	占指标基价（%）
指标基价			元	5687	100.00
一、建筑安装工程费			元	2287	40.21
二、设备购置费			元	3400	59.79
建筑安装工程费					
直接费	人工费	人工	工日	7	—
		措施费分摊	元	4	—
		人工费小计	元	221	3.89
	材料费	钢筋 ϕ10 以内	kg	11.63	—
		钢筋 ϕ10 以外	kg	50.17	—
		水泥 综合	kg	179.84	—
		标准砖	块	301.00	—
		砂子	kg	621.99	—
		铁件	kg	5.69	—
		预拌混凝土 C25	m³	1.06	—
		钢屋架	kg	22.83	—
		钢檩条	kg	17.96	—
		钢支撑	kg	0.74	—
		弹性涂料	kg	1.15	—
		压型钢板	m²	1.96	—
		其他材料费	元	345	—
		措施费分摊	元	19	—
		材料费小计	元	1633	28.72
	机械费	机械费	元	22	—
		措施费分摊	元	3	—
		机械费小计	元	25	0.44
	直接费小计		元	1879	33.04
综合费用			元	408	7.17
合计			元	2287	—

设备购置费

序号	名称	单位	数量	单价（元）	合价（元）
1	水平密封式压缩设备	台	1	680000	680000
设备单位建筑面积指标		元/m²	—	—	3400

工程特征： 钢筋混凝土独立基础、条形基础,钢筋混凝土框架柱、梁，页岩砖砌体，中转车间首层为钢筋混凝土框架结构,二层门式钢架,屋面有檩式单层双向压型钢板。水平直压式压缩（非预压）。建筑面积：1700m^2。

单位：m^2

指标基价				10F-138	
项　　目			单位	日转运量 600t 以内	占指标基价（%）
指标基价			元	6557	100.00
一、建筑安装工程费			元	1584	24.16
二、设备购置费			元	4973	75.84
建筑安装工程费					
直接费	人工费	人工	工日	4	—
		措施费分摊	元	3	—
		人工费小计	元	127	1.94
	材料费	钢筋 ϕ10 以内	kg	13.64	—
		钢筋 ϕ10 以外	kg	78.92	—
		水泥 综合	kg	49.28	—
		标准砖	块	149.28	—
		砂子	kg	236.66	—
		铁件	kg	0.24	—
		预拌混凝土 C25	m^3	0.61	—
		钢屋架	kg	11.22	—
		钢檩条	kg	3.56	—
		钢支撑	kg	5.26	—
		弹性涂料	kg	1.53	—
		塑钢单玻门推拉窗	m^2	0.24	—
		其他材料费	元	289	—
		措施费分摊	元	32	—
		材料费小计	元	1108	16.90
	机械费	机械费	元	55	—
		措施费分摊	元	2	—
		机械费小计	元	57	0.86
	直接费小计		元	1292	19.70
综合费用			元	293	4.46
合　　计			元	1584	—

设备购置费

序号	名　　称	单位	数量	单价（元）	合价（元）
1	压装机	台	2	1344000	2688000
2	料槽及推料装置	套	1	2030000	2030000
3	自控系统	套	1	2296000	2296000
4	通风除尘除臭系统	套	1	1344000	1344000
5	电子汽车衡	台	1	79180	79180
6	冷却塔及水箱	套	1	16200	16200
合　　计		—	—	—	8453380
设备单位建筑面积指标		元/m^2	—	—	4973

工程特征：中转车间首层为钢筋混凝土框架结构，二层部分球型网架，部分钢筋混凝土框架结构,屋面单层双向压型钢板，砖砌墙体。水平直压式压缩（非预压）。建筑面积：2200m^2 。

单位：m^2

指标编号				10F-139	
项目			单位	日转运量 600t 以外	占指标基价（%）
指标基价			元	7840	100.00
一、建筑安装工程费			元	1568	20.01
二、设备购置费			元	6271	79.99
建筑安装工程费					
直接费	人工费	人工	工日	5	—
		措施费分摊	元	3	—
		人工费小计	元	158	2.02
	材料费	钢筋 ϕ10 以内	kg	15.74	—
		钢筋 ϕ10 以外	kg	80.55	—
		水泥 综合	kg	61.90	—
		标准砖	块	294.31	—
		砂子	kg	343.61	—
		铁件	kg	0.19	—
		预拌混凝土 C25	m^3	0.61	—
		钢屋架	kg	4.10	—
		钢檩条	kg	1.99	—
		钢支撑	kg	2.88	—
		弹性乳胶漆	kg	1.68	—
		塑钢单玻门推拉窗	m^2	0.19	—
		其他材料费	元	258	—
		措施费分摊	元	30	—
		材料费小计	元	1069	13.64
	机械费	机械费	元	61	—
		措施费分摊	元	2	—
		机械费小计	元	63	0.80
	直接费小计		元	1290	16.45
综合费用			元	279	3.56
合计			元	1568	—

设备购置费

序号	名称	单位	数量	单价（元）	合价（元）
1	变电站设备	台	1	863240	863240
2	压装机	套	3	1342787	4028360
3	料槽及推料装置	套	1	3765160	3765160
4	中控系统	套	1	3119480	3119480
5	通风除尘除臭系统	套	1	1872360	1872360
6	电子汽车衡	台	1	147700	147700
	合计	—	—	—	13796300
设备单位建筑面积指标		元/m^2	—	—	6271

3.2.2 机 修 车 间

工程特征：钢筋混凝土条形基础，钢筋混凝土框架柱、梁、板，砖砌墙体。建筑面积：140m²。

单位：m²

指标基价					10F-140
项目			单位	机修车间	占指标基价（%）
指标基价			元	3064	100.00
一、建筑安装工程费			元	1521	49.64
二、设备购置费			元	1543	50.36
建筑安装工程费					
直接费	人工费	人工	工日	6	—
		措施费分摊	元	3	—
		人工费小计	元	189	6.17
	材料费	钢筋 ϕ10 以内	kg	19.59	—
		钢筋 ϕ10 以外	kg	46.98	—
		水泥 综合	kg	105.88	—
		标准砖	块	292.94	—
		砂子	kg	469.98	—
		铁件	kg	0.05	—
		预拌混凝土 C25	m³	0.62	—
		塑钢单玻门推拉窗	m²	0.08	—
		SBS 改性沥青油毡防水卷材 3mm	m²	1.73	—
		弹性涂料	kg	0.85	—
		其他材料费	元	361	—
		措施费分摊	元	28	—
		材料费小计	元	1026	33.49
	机械费	机械费	元	28	—
		措施费分摊	元	2	—
		机械费小计	元	30	0.99
	直接费小计		元	1245	40.64
综合费用			元	276	9.00
合计			元	1521	—

设备购置费

序号	名称	单位	数量	单价（元）	合价（元）
1	机修设备	项	1	216000	216000
设备单位建筑面积指标		元/m²	—	—	1543

3.2.3 业 务 用 房

工程特征：钢筋混凝土条形基础，钢筋混凝土框架柱、梁、板，砖砌墙体。建筑面积：650m^2。

单位：m^2

指 标 编 号				10F-141	
项 目			单位	业务用房	占指标基价（%）
指 标 基 价			元	1762	100.00
一、建筑安装工程费			元	1673	94.94
二、设备购置费			元	89	5.06
建筑安装工程费					
直接费	人工费	人工	工日	7	—
		措施费分摊	元	3	—
		人工费小计	元	220	12.48
	材料费	钢筋 ϕ10 以内	kg	16.17	—
		钢筋 ϕ10 以外	kg	62.08	—
		水泥 综合	kg	204.93	—
		标准砖	块	321.39	—
		砂子	kg	684.05	—
		铁件	kg	0.19	—
		预拌混凝土 C25	m^3	0.42	—
		塑钢单玻门推拉窗	m^2	0.19	—
		SBS 改性沥青油毡防水卷材 3mm	m^2	0.79	—
		挤塑泡沫保温板	m^3	0.03	—
		弹性涂料	kg	1.62	—
		其他材料费	元	342	—
		措施费分摊	元	30	—
		材料费小计	元	1114	63.21
	机械费	机械费	元	39	—
		措施费分摊	元	2	—
		机械费小计	元	41	2.31
	直接费小计		元	1375	78.01
综合费用			元	298	16.93
合 计			元	1673	—

设备购置费

序号	名 称	单位	数量	单价	合价
1	电开水器	台	1	3000	3000
2	空调机	台	20	2500	50000
3	照明配电箱	台	2	2500	5000
合 计		—	—	—	58000
设备单位建筑面积指标		元/m^2	—	—	89

3.2.4 传达室、地磅房

工程特征：钢筋混凝土条形基础，钢筋混凝土框架柱、梁、板，砖砌墙体，部分阳光板罩棚。传达室建筑面积：32m²。地磅房建筑面积：100m²。

单位：m²

指标编号				10F-142	
项目			单位	传达室、地磅房	占指标基价（%）
指标基价			元	2478	100.00
一、建筑安装工程费			元	1524	61.50
二、设备购置费			元	954	38.50
建筑安装工程费					
直接费	人工费	人工	工日	7	—
		措施费分摊	元	3	—
		人工费小计	元	220	8.88
	材料费	钢筋 ϕ10 以内	kg	12.94	—
		钢筋 ϕ10 以外	kg	49.42	—
		水泥 综合	kg	354.80	—
		标准砖	块	295.67	—
		砂子	kg	491.95	—
		预拌混凝土 C25	m³	0.60	—
		塑钢单玻推拉窗	m²	0.18	—
		SBS 改性沥青油毡防水卷材 3mm	m²	0.96	—
		弹性涂料	kg	0.41	—
		其他材料费	元	254	—
		措施费分摊	元	31	—
		材料费小计	元	1001	40.40
	机械费	机械费	元	29	—
		措施费分摊	元	2	—
		机械费小计	元	31	1.23
	直接费小计		元	1252	50.52
综合费用			元	272	10.98
合计				1524	—

设备购置费

序号	名称	单位	数量	单价（元）	合价（元）
1	地磅	台	1	80000	80000
2	洗车设备	套	1	12900	12900
3	分体壁挂空调机	台	1	2500	2500
合计		—	—	—	95400
设备单位建筑面积指标		元/m²	—	—	954

3.2.5 引　桥

工程特征：钢筋混凝土框架结构，钢筋混凝土柱、梁、板，钢筋混凝土拦板。水平投影面积：990m²。

单位：m²

指标编号				10F-143	
项　目			单位	引桥	占指标基价（%）
指标基价			元	2737	100.00
一、建筑安装工程费			元	2737	100.00
二、设备购置费			元	—	—
建筑安装工程费					
直接费	人工费	人工	工日	5	—
		措施费分摊	元	9	—
		人工费小计	元	164	5.99
	材料费	钢筋 ϕ10 以内	kg	39.44	—
		钢筋 ϕ10 以外	kg	147.79	—
		水泥 综合	kg	2.21	—
		石子	kg	1410.23	—
		砂子	kg	764.16	—
		预埋铁件	kg	1.17	—
		预拌混凝土 C25	m^3	1.18	—
		其他材料费	元	651	—
		措施费分摊	元	103	—
		材料费小计	元	2027	74.07
	机械费	机械费	元	32	—
		措施费分摊	元	6	—
		机械费小计	元	38	1.38
	直接费小计		元	2229	81.45
综合费用			元	508	18.55
合　计				2737	—

3.2.6 场区供热

工程特征：钢管、直埋保温管安装，四柱散热器安装。管线长度 2850m。

单位：m

指标编号				10F-144	
项目			单位	场区供热	占指标基价（%）
指标基价			元	224	100.00
一、建筑安装工程费			元	165	74.00
二、设备购置费			元	58	26.00
建筑安装工程费					
直接费	人工费	人工	工日	1	—
		措施费分摊	元	0.3	—
		人工费小计	元	32	14.31
	材料费	型钢	kg	0.48	—
		焊接钢管 综合	kg	0.13	—
		无缝钢管 综合	kg	1.21	—
		镀锌钢管 综合	kg	0.02	—
		防锈漆	kg	0.09	—
		警示带	m	0.50	—
		压力表 0~1.6MPa	支	0.00	—
		其他材料费	元	34	—
		措施费分摊	元	3	—
		材料费小计	元	98	43.82
	机械费	机械费	元	6	—
		措施费分摊	元	0.2	—
		机械费小计	元	6	2.90
	直接费小计		元	136	61.04
综合费用			元	29	12.97
合计				165	—

设备购置费

序号	名称	单位	数量	单价（元）	合价（元）
1	饮水锅炉	台	1	40000	40000
2	燃油锅炉	台	1	90000	90000
3	循环泵	台	4	5000	20000
合计			—	—	150000
设备单位长度指标		元/m	—	—	53

3.2.7 场区给排水

工程特征：钢管、钢筋混凝土排水管铺设。管线长度663m。

单位：m

指标编号				10F-145	
项目			单位	场区给、排水	占指标基价（%）
指标基价			元	385	100.00
一、建筑安装工程费			元	355	92.17
二、设备购置费			元	30	7.83
建筑安装工程费					
直接费	人工费	人工	工日	1	—
		措施费分摊	元	1	—
		人工费小计	元	41	10.65
	材料费	型钢	kg	0.27	—
		焊接钢管（综合）	kg	0.39	—
		水泥 综合	kg	1.73	—
		镀锌钢管（综合）	kg	4.71	—
		钢筋混凝土管 ϕ500	m	0.52	—
		平焊法兰（1.6MPa 以下）	片	0.01	—
		预拌混凝土 C25	m^3	0.06	—
		预拌混凝土 C10	m^3	0.06	—
		抗渗预拌混凝土 C25	m^3	0.00	—
		脚手架、模板租赁费	元	1.35	—
		其他材料费	元	11	—
		措施费分摊	元	13	—
		材料费小计	元	115	29.73
	机械费	机械费	元	133	—
		措施费分摊	元	1	—
		机械费小计	元	134	34.69
	直接费小计		元	289	75.07
综合费用			元	66	17.10
合　计				355	—

设备购置费

序号	名　称	单位	数量	单价（元）	合价（元）
1	循环泵	台	2	10000	20000
设备单位长度指标		元/m	—	—	30

3.2.8 地 下 油 库

工程特征：钢筋混凝土基础及结构。

单位：座

指标编号				10F-146	
项目			单位	地下油库	占指标基价（%）
指标基价			元	31506	100.00
一、建筑安装工程费			元	12606	40.01
二、设备购置费			元	18900	59.99
建筑安装工程费					
直接费	人工费	人工	工日	36	—
		措施费分摊	元	44	—
		人工费小计	元	1161	3.69
	材料费	钢筋 ϕ10以内	kg	98.91	—
		钢筋 ϕ10以外	kg	134.53	—
		水泥 综合	kg	307.94	—
		砂子	kg	1406.19	—
		标准砖	块	1382.14	—
		预拌混凝土 C25	m^3	11.55	—
		其他材料费	元	3437	—
		措施费分摊	元	475	—
		材料费小计	元	7319	23.23
	机械费	机械费	元	1760	—
		措施费分摊	元	27	—
		机械费小计	元	1787	5.67
	直接费小计		元	10267	32.59
综合费用			元	2339	7.42
合　计				12606	—

设备购置费

序号	名　称	单位	数量	单价	合价
1	加油机（电脑自控）	台	1	18900	18900
设备单位指标		座	—	—	18900

3.2.9 场 区 电 气

工程特征：埋设电缆、配电柜安装、庭院灯、路灯安装。长度2208m。

单位：m

指标编号				10F-147	
项目			单位	场区电气	占指标基价（%）
指标基价			元	490	100.00
一、建筑安装工程费			元	243	49.49
二、设备购置费			元	248	50.51
建筑安装工程费					
直接费	人工费	人工	工日	0.36	—
		措施费分摊	元	0.34	—
		人工费小计	元	11.51	2.35
	材料费	型钢	kg	0.16	—
		焊接钢管（综合）	kg	0.34	—
		标准砖	块	2.16	—
		镀锌钢管（综合）	kg	0.02	—
		砂子	kg	41.41	—
		电缆桥架	m	0.17	—
		电缆	m	1.00	—
		预拌混凝土 C10	m^3	0.02	—
		其他材料费	元	36	—
		措施费分摊	元	4	—
		材料费小计	元	191	38.98
	机械费	机械费	元	1	—
		措施费分摊	元	0.22	—
		机械费小计	元	1.22	0.25
	直接费小计		元	204	41.58
综合费用			元	39	7.91
合 计			元	243	—

设备购置费

序号	名 称	单位	数量	单价（元）	合价（元）
1	400kV·A变压器	台	1	140000	140000
2	配电柜	台	7	30000	210000
3	高压配电柜	台	4	40000	160000
4	照明配电箱	台	25	1500	37500
合 计			—	—	547500
设备单位长度指标		元/m	—	—	248

3.2.10 沉 淀 池

工程特征：钢筋混凝土池。容积 77.8m³。

单位：m³

指标编号				10F-148	
项　　目			单位	沉淀池	占指标基价（%）
指 标 基 价			元	526	100.00
一、建筑安装工程费			元	526	100.00
二、设备购置费			元	—	—
建筑安装工程费					
直接费	人工费	人工	工日	2	—
		措施费分摊	元	0.96	—
		人工费小计	元	60	11.34
	材料费	钢筋 ϕ10 以内	kg	7.12	—
		钢筋 ϕ10 以外	kg	39.65	—
		水泥 综合	kg	19.10	—
		砂子	kg	50.63	—
		预埋铁件	kg	0.02	—
		预拌混凝土 C10	m^3	0.03	—
		抗渗预拌混凝土 C25	m^3	0.27	—
		其他材料费	元	21	—
		措施费分摊	元	9	—
		材料费小计	元	356	67.69
	机械费	机械费	元	17	—
		措施费分摊	元	0.60	—
		机械费小计	元	18	3.40
	直接费小计		元	434	82.44
综合费用			元	92	17.56
合　　计				526	—

3.2.11 污 水 池

工程特征：钢筋混凝土池。容积 150m³。

单位：m³

指标编号				10F-149	
项目			单位	污水池	占指标基价（%）
指标基价			元	548	100.00
一、建筑安装工程费			元	548	100.00
二、设备购置费			元	—	—
建筑安装工程费					
直接费	人工费	人工	工日	2	—
		措施费分摊	元	1	—
		人工费小计	元	50	9.06
	材料费	钢筋 φ10 以内	kg	8.22	—
		钢筋 φ10 以外	kg	45.63	—
		水泥 综合	kg	21.22	—
		砂子	kg	50.33	—
		预埋铁件	kg	0.01	—
		预拌混凝土 C10	m³	0.04	—
		抗渗预拌混凝土 C25	m³	0.27	—
		其他材料费	元	63	—
		措施费分摊	元	11	—
		材料费小计	元	389	70.99
	机械费	机械费	元	10	—
		措施费分摊	元	1	—
		机械费小计	元	11	2.06
	直接费小计		元	450	82.12
综合费用			元	98	17.88
合计				548	—

3.2.12 喷 水 池

工程特征：钢筋混凝土池。容积 410m^3。

单位：m^3

指标编号				10F-150	
项 目			单位	喷水池	占指标基价（%）
指 标 基 价			元	554	100.00
一、建筑安装工程费			元	554	100.00
二、设备购置费			元	—	—
建筑安装工程费					
直接费	人工费	人工	工日	1.31	—
		措施费分摊	元	1	—
		人工费小计	元	42	7.58
	材料费	钢筋 ϕ10 以内	kg	8.59	—
		钢筋 ϕ10 以外	kg	47.66	—
		水泥 综合	kg	5.86	—
		砂子	kg	15.54	—
		预埋铁件	kg	0.00	—
		预拌混凝土 C10	m^3	0.01	—
		抗渗预拌混凝土 C25	m^3	0.29	—
		其他材料费	元	78	—
		措施费分摊	元	11	—
		材料费小计	元	405	73.09
	机械费	机械费	元	7	—
		措施费分摊	元	1	—
		机械费小计	元	8	1.50
	直接费小计		元	455	82.17
综合费用			元	99	17.83
合 计				554	—

3.2.13 场 区 围 墙

工程特征：砖基础，砖砌体，砖外墙刷涂料，铁艺透视围墙。

单位：m

指 标 编 号				10F-151	
项 目			单位	场区围墙	占指标基价（%）
指 标 基 价			元	618	100.00
一、建筑安装工程费			元	618	100.00
二、设备购置费			元	—	—
建筑安装工程费					
直接费	人工费	人工	工日	2	—
		措施费分摊	元	1	—
		人工费小计	元	63	10.19
	材料费	水泥 综合	kg	35.17	—
		标准砖	块	157.55	—
		砂子	kg	187.22	—
		预拌混凝土 C10	m^3	0.15	—
		预拌混凝土 C25	m^3	0.29	—
		其他材料费	元	201	—
		措施费分摊	元	13	—
		材料费小计	元	432	69.86
	机械费	机械费	元	7	—
		措施费分摊	元	1	—
		机械费小计	元	8	1.22
	直接费小计		元	503	81.27
综合费用			元	116	18.73
合 计				618	—

4 附　　录

4.1 案　　例

4.1.1 填埋处理工程应用实例

南方某城市的一个填埋场，其项目基本情况：（1）填埋场总库容：145万立方米；（2）填埋场类型：山谷型；（3）日处理规模：200t；（4）服务年限：15年；（5）填埋场防渗结构及面积：2.0mmHDPE膜＋GCL膨润土垫复合防渗的结构，防渗面积为143200m^2；（6）地下水情况：采用盲沟与速排笼结合的方式进行导排；（7）管理区总建筑面积：785m^2；（8）渗沥液处理规模、出水标准：渗沥液送污水处理厂处理。

市场人工工日、材料、机械台班价格如下：

1. 人工	35元／工日
2. HDPE膜（2.0mm）	45元／m^2
3. 无纺土工布（200g／m^2）	8元／m^2
4. 无纺土工布（600g／m^2）	16元／m^2
5. 膨润土垫（5000g／m^2）	40元／m^2
6. HDPE管（DN100）	200元／m
7. HDPE管（DN200）	250元／m
8. HDPE管（DN350）	400元／m
9. 水泥	0.35元／kg
10. 钢材	4.9元／kg
11. 标准砖	320元／千块
12. 粗砂	49元／t
13. 砾石	50元／t
14. 沥青混凝土	320元／m^3

设备购置费用费率综合取定10%；　当地措施费费率取定5.4%；　当地综合费用费率取定22%。

计算方法如下：

一、建筑安装工程费调整

（一）选择类似综合指标

根据项目建设规模和特征选用综合指标10Z-002。

（二）综合指标10Z-002按每万立方米直接费中人工费、材料费、机械费调整

1. 人工费调整：

人工费=指标中人工工日×市场工日单价

=572×35=20020（元）

2. 材料费调整：

（1）主要材料费=指标中各主要材料量×材料市场单价之和

= ∑指标中各主要材料量×当地材料单价=100335（元）

（2）其他材料费＝指标其他材料费×调整后的主要材料费／指标（材料费小计－其他材料费－材料费中措施费分摊）

＝13358×100335／（118367－13358－4965）＝13397（元）

3. 机械费

机械费＝指标机械费×调整后的（人工费＋主要材料费＋其他材料费）／指标（人工费＋主要材料费＋其他材料费）

= 45122 ×（20020 + 100335 + 13397）/（18193 − 457 + 118367 − 4965）=45122 × 133461/131138
= 46021（元）

（三） 措施费调整 = 调整后的（人工费 + 主要材料费 + 其他材料费 + 机械费）× 5.4%
= （20020 + 100335 + 13397 + 46021）× 5.4% = 9708（元）

其中：人工费中分摊措施费 = 9708 × 8% = 777（元）
材料费中分摊措施费 = 9708 × 87% = 8446（元）
机械费中分摊措施费 = 9708 × 5% = 485（元）

（四）建筑安装工程直接费调整

建筑安装工程直接费小计 = 调整后的（人工费 + 人工费中措施费分摊 + 主要材料费 + 其他材料费 + 材料费中措施费分摊 + 机械费 + 机械费中措施费分摊）

其中：人工费小计 = 调整后的（人工费 + 人工费中措施费分摊）
= 20020 + 777 = 20797（元）
材料费小计 = 调整后的（主要材料费 + 其他材料费 + 材料费中措施费分摊）
= 100335 + 13397 + 8446 = 122178（元）
机械费小计 = 调整后的机械费 + 机械费中措施费分摊
= 46021 + 485 = 46506（元）

调整后建筑安装工程直接费小计 = 20797 + 122178 + 46506 = 189481（元）

（五）综合费用调整

采用当地的综合费用费率为 22%

综合费用 = 调整后的建筑安装工程直接费小计 × 综合费用费率
= 189481 × 22% = 41686（元）

（六）建筑安装工程费调整

建筑安装工程费 = 建筑安装工程直接费小计 + 综合费用
= 189481 + 41686 = 231167（元）

二、设备购置费调整

根据市场的价格，做一定的系数调整

设备购置费 = 指标中的设备购置费 × 调整系数
= 35497 × 1.1 = 39047（元）

三、工程建设其他费用调整

本指标设定的工程建设其他费用费率为 15%

工程建设其他费用 = 调整后的（建筑安装工程费 + 设备购置费）× 其他费用费率

工程建设其他费用 = （231167 + 39047）× 15% = 40532（元）

四、基本预备费调整

本指标设定的基本预备费费率为 8%

基本预备费 = 调整后的（建筑安装工程费 + 设备购置费 + 工程建设其他费用）× 8%
= （231167 + 39047 + 40532）× 8% = 24860（元）

五、指标基价调整

指标基价 = 调整后的（建筑安装工程费 + 设备购置费 + 工程建设其他费用 + 基本预备费）
= 231167 + 39047 + 40532 + 24860 = 335606（元）

六、项目指标总造价

335606 × 145 = 48662870（元）

表 1

指标编号		10Z-002	
项目	单位	I类 填埋区总库容	
		指标价格	调整后价格
指标基价	元	316657	335606
一、建筑安装工程费	元	220344	231167
二、设备购置费	元	35497	39047
三、工程建设其他费	元	37360	40532
四、基本预备费	元	23456	24860

建筑安装工程费计算

项目			单位	指标单方消耗量	市场单价	合价
直接费	人工费	人工	工日	572	35	20020
		措施费分摊	元	457	—	777
		人工费小计	元	18193	—	20797
	材料费	HDPE 膜（2.0mm）	m^2	646.19	45	29079
		无纺土工布（200g/m^2）	m^2	218.76	8	1750
		无纺土工布（600g/m^2）	m^2	631.05	16	10097
		膨润土垫（5000g/m^2）	m^2	631.05	40	25242
		HDPE 管（DN100）	m	10.52	200	2104
		HDPE 管（DN200）	m	0.32	250	80
		HDPE 管（DN350）	m	23.14	400	9256
		水泥	kg	8044.67	0.35	2816
		钢材	kg	2480.26	4.9	12153
		标准砖	千块	1.45	320	464
		粗砂	t	27.97	49	1371
		砾石	t	116.24	50	5812
		沥青混凝土	m^3	0.35	320	112
		其他材料费	元	13358	—	13397
		措施费分摊	元	4965	—	8446
		材料费小计	元	118367	—	122178
	机械费	机械费	元	45122	—	46021
		措施费分摊	元	285	—	485
		机械费小计	元	45408	—	46506
	直接费小计		元	181967	—	189481
综合费用			元	38377	—	41686
合计			元	220344	—	231167

4.1.2 焚烧处理工程应用实例

［**例 1**］ 应用综合指标编制估算

在华东地区某城市新建一个生活垃圾焚烧处理厂，该厂建设规模为每天处理生活垃圾 1050t。主要设备选用国产 3 台 350t/d 炉排式垃圾焚烧炉和 2 台 7.5MW 凝汽式汽轮发电机组。

当地市场人工工日、材料、机械台班价格如下：

1. 人工：30 元／工日
2. 钢筋φ10 以下：3.43 元/kg
3. 钢筋φ10 以上：3.51 元/kg
4. 钢材：5.90 元/kg
5. 水泥：0.30 元/kg
6. 钢结构薄型防火涂料 2mm：14180 元/t
7. SBS 改性沥青油毡防水卷材 3+4（mm）厚：62 元/m^2
8. 铝合金中空玻璃窗：445 元/m^2
9. 镀铝锌夹心钢板（内填玻璃棉保温层）：280 元/m^2
10. 垃圾池防腐：245 元/m^2
11. 加气混凝土砌块：195 元/m^3
12. PK1 砖：0.34 元/块
13. 砂子：60 元/t
14. 钢管：5.00 元/kg
15. 电缆：55 元/m

计算方法如下：

一、综合指标建筑安装工程费调整

（一）选择类似综合指标

根据项目建设规模和炉型选用综合指标 10Z-017。

（二）综合指标 10Z-017 按每吨直接费中人工费、材料费、机械费调整。

1. 人工费调整：

$$\text{人工费}=\text{指标中人工工日}\times\text{市场工日单价}=399.82\times 30=11995\text{（元）}$$

2. 材料费调整：

（1）主要材料费=指标中各主要材料量 × 材料市场单价之和（见表 1）

$$=\sum\text{指标中各主要材料量}\times\text{当地材料单价}=37198\text{（元）}$$

（2）其他材料费=指标其他材料费 × 调整后的主要材料费/指标中（材料费小计−其他材料费−材料费中措施费分摊）

$$=30349\times\frac{37198}{69279-30349-2069}=30626\text{（元）}$$

3. 机械费调整：

机械费=指标机械费 × 调整后的（人工费+主要材料费+其他材料费）/指标（人工费小计−人工费中措施费分摊+材料费小计−材料费中措施费分摊）

$$=7465\times\frac{(11995+37198+30626)}{(12598-192+69279-2069)}=7484\text{（元）}$$

（三）措施费调整

按当地规定措施费以人工费+机械费之和为基数，费率按 9%计算

措施费调整=（调整后人工费+调整后机械费）×9%

=（11995+7484）×9%=1753（元）

其中：人工费中措施费分摊=1753×8%=140 （元）

材料费中措施费分摊=1753×87%=1525 （元）

机械费中措施费分摊=1753×5%=88（元）

（四）建筑安装工程直接费计算

建筑安装工程直接费=调整后（人工费+人工费中措施费分摊+主要材料费+其他材料费+材料费中措施费分摊+机械费+机械费中措施费分摊）

其中：人工费小计=调整后（人工费+分摊人工费）

材料费小计=调整后（主要材料费+其他材料费+分摊材料费）

机械费小计=调整后（机械费+分摊机械费）

调整后建筑安装工程直接费小计=11995+140+37198+30626+1525+7484+88=89056（元）

其中：人工费小计=11995+140=12135（元）

材料费小计=37198+30626+1525=69349（元）

机械费小计=7484+88=7572（元）

（五）综合费用调整

按当地规定综合费用费率为 22.38%

综合费用=调整后建筑安装工程直接费小计×综合费用费率

综合费用=89056×22.38%=19931（元）

（六）建筑安装工程费调整

调整后建筑安装工程费=调整后建筑安装工程直接费小计+调整后综合费用

=89056+19931=108987（元）

（七）建筑安装工程费中建筑工程费与安装工程费调整

建筑工程费=调整后建筑安装工程费合计×指标中建筑工程费/指标中建筑安装工程费

安装工程费=调整后建筑安装工程费合计−调整后建筑工程费

$$建筑工程费=108987\times\frac{65651}{110255}=64896（元）$$

安装工程费=108987−64896=44091（元）

二、设备购置费调整

可按相应指标×调整系数计算。此项目设备价格没有调整。

三、工程建设其他费用调整

工程建设其他费用=调整后的（建筑安装工程费+设备购置费）×当时当地工程建设其他费用费率

当地工程建设其他费用为 15%。

工程建设其他费用=（108987+147069）×15%=38408（元）

四、基本预备费调整

基本预备费=调整后的（建筑安装工程费+设备购置费+工程建设其他费用）×基本预备费费率

基本预备费费率取 8%

基本预备费=（108987+147069+38408）×8%=23557（元）

五、指标基价调整

每吨指标总造价=调整后的（建筑安装工程费+设备购置费+工程建设其他费用+基本预备费）

每吨指标总造价=108987+147069+38408+23557=318021（元）

六、项目指标总造价

项目指标总造价=调整后指标价格×日处理生活垃圾量（t/d）

项目指标总造价=318021×1050=33392 （万元）

表 1

单位：t/d

项　　目	单位	10Z-017	
		指标价格	调整后价格
指 标 基 价	元	319597	318021
一、建筑安装工程费	元	110255	108987
其中：建筑工程费（含通风空调等建筑设备）	元	65651	64896
安装工程费（含工艺管道、电缆等）	元	44604	44091
二、工艺设备购置费	元	147069	147069
三、工程建设其他费用	元	38599	38408
四、基本预备费	元	23674	23557

建筑安装工程费

项　　目			单位	指标消耗量	市场单价	合价
直接费	人工费	人工	工日	399.82	30.00	11995
		措施费分摊	元	192	—	140
		人工费小计	元	12598	—	12135
	材料费	钢筋 ϕ10 以下	kg	757.00	3.43	2597
		钢筋 ϕ10 以上	kg	2043.00	3.51	7171
		钢材	kg	952.00	5.90	5617
		水泥	kg	11778.00	0.30	3533
		钢结构薄型防火涂料 2mm	t	0.03	14180.00	425
		SBS 改性沥青油毡防水卷材 3+4（mm）	m^2	12.11	62.00	751
		铝合金中空玻璃窗	m^2	1.38	445.00	614
		镀铝锌夹心钢板（内填玻璃棉保温层）	m^2	5.05	280.00	1414
		垃圾池防腐	m^2	4.98	245.00	1220
		加气混凝土砌块	m^3	3.21	195.00	626
		PK1 砖	块	1353.00	0.34	460
		砂子	t	22.62	60.00	1357
		钢管	kg	412.00	5.00	2060
		电缆	m	170.05	55.00	9353
		其他材料费	元	30349		30626
		措施费分摊	元	2069	—	1525
		材料费小计	元	69279	—	69349
	机械费	机械费	元	7465	—	7484
		措施费分摊	元	119	—	88
		机械费小计	元	7584	—	7572
	直接费小计		元	89461	—	89056
综合费用			元	20794	—	19931
合　　计			元	110255	—	108987

［**例 2**］ 应用分项指标编制估算

在华东地区某城市新建一个生活垃圾焚烧处理厂，该厂建设规模为每天处理生活垃圾 1000t，主要设备选用国产 4 台 250t/d 炉排式垃圾焚烧炉和 3 台 7.5MW 凝汽式汽轮发电机组。主厂房为现浇钢筋混凝土框排架结构、跨度（36+23+25+18）m、柱距 7m × 7m、檐高 39m，建筑面积 9920m^2。人工挖土灌注桩，独立桩承台。主厂房球接点钢网架，镀铝锌彩色压型钢板，挤塑板保温 δ 50mm，1.5mm 厚绿色 PVC 防水卷材（机械固定），混凝土楼地面，钢吊车梁。垃圾池宽 16.4m，长 59.7m，池底标高-6m，C30 现浇抗渗混凝土，4mm 厚环氧稀胶泥，环氧树脂四布六涂一次贴成玻璃钢面层，环氧面漆两道。根据主厂房建筑分项指标编制该项目主厂房建筑工程估算。当地的人工、主要材料市场价格见表 2。

计算方法如下：

一、分项指标建筑安装工程费调整

（一）选择类似分项指标

根据项目特征和炉型选用分项指标 10F-056。

（二）分项指标 10F-056 按每平方米直接费中人工费、材料费、机械费调整

1. 人工费调整：

人工费=指标中人工工日 ×（采用当时当地的）工日单价

人工费=10.44 × 30=313（元）

2. 材料费调整：

（1）主要材料费合计=指标中各主要材料量 × 材料市场单价之和（见表 2）

= ∑指标中各主要材料量 × 材料市场单价=1447（元）

（2）其他材料费=指标其他材料费 × 调整后的主要材料费/（指标材料费小计-其他材料费-材料费中措施费分摊）

$$= 835 \times \frac{1447}{2384-835-72} = 818（元）$$

3. 机械费调整：

机械费=指标机械费 × 调整后的（人工费+主要材料费+其他材料费）/指标（人工费小计-人工费中措施费分摊+材料费小计-材料费中措施费分摊）

$$= 240 \times \frac{(313+1447+818)}{(331-7+2384-72)} = 235（元）$$

（三）措施费调整

按当地规定措施费以人工费+机械费之和为基数，费率按 9%计算

措施费=调整后（人工费+机械费）× 9%

=（313+235）× 9%=49（元）

其中：人工费中措施费分摊=49 × 8%=4（元）

材料费中措施费分摊=49 × 87%=43（元）

机械费中措施费分摊=49 × 5%=2（元）

（四）建筑安装工程直接费调整

建筑安装工程直接费小计=调整后（人工费+人工费中措施费分摊+主要材料费+其他材料费+材料费中措

施费分摊+机械费+机械费中措施费分摊）

其中：人工费小计=调整后（人工费+人工费中措施费分摊）

材料费小计=调整后（主要材料费+其他材料费+材料费中措施费分摊）

机械费小计=调整后（机械费+机械费中措施费分摊）

建筑安装工程直接费小计=313+4 +1447+818+43+235+2 =2862（元）

其中：人工费小计=313+4 =317（元）

材料费小计=1447+818+43=2308（元）

机械费小计=235+2 =237（元）

（五）综合费用调整

按当地规定综合费用费率为22.38%

综合费用=调整后建筑安装工程直接费小计×当时当地综合费用费率

=2862×22.38%=641（元）

（六）建筑安装工程费调整

建筑安装工程直接费合计=调整后建筑安装工程直接费小计+调整后综合费用

=2862+641=3503（元）

二、建筑设备购置费调整

项目有设备清单的，按设备清单；没有设备清单的，参考分项指标中设备数量，采用设备市场价计算（含运杂费）。没有设备数量的，可按相应指标×调整系数计算。2007年设备价格没有调整，详见表2。

三、分项指标基价调整

分项指标基价=调整后的（建筑安装工程费+建筑设备购置费）

=3503+62=3565（元）

四、主厂房建筑工程造价调整

主厂房建筑工程造价=调整后分项指标基价×主厂房建筑面积

=3565×9920=3536 （万元）

表 2　应用分项指标编制估算　　单位：m^2

指标编号		10F-056	
项　目	单位	指标价格	调整后价格
指标基价	元	3743	3565
一、建筑安装工程	元	3681	3503
二、建筑设备购置费	元	62	62

建筑安装工程费

项　目			单位	指标消耗量	市场单价	合价
直接费	人工费	人工	工日	10.44	30	313
		措施费分摊	元	7	—	4
		人工费小计	元	331	—	317
	材料费	钢筋 ϕ10 以下	kg	32.08	3.43	110
		钢筋 ϕ10 以上	kg	162.10	3.51	569
		钢材	kg	55.88	5.90	330
		水泥	kg	550.35	0.30	165
		垃圾池防腐	m^2	0.40	220	88
		镀铝锌彩色压型钢板 0.8mm	m^2	0.85	120	102
		1.5mm 厚绿色 PVC 防水卷材（机械固定）	m^2	0.99	40	40
		KP1 黏土空心砖	块	20.13	0.34	7
		钢管	kg	7.10	5	36
		其他材料费	元	835	—	818
		措施费分摊	元	72	—	43
		材料费小计	元	2384	—	2308
	机械费	机械费	元	240	—	235
		措施费分摊	元	4	—	2
		机械费小计	元	244	—	237
	直接费小计		元	2959	—	2862
综合费用			元	722	—	641
合　计			元	3681	—	3503

建筑设备购置费

序号	名称及规格	单位	数量	单价（元）	合价（元）
1	消防水泵 37kW 2 台及水箱 V=12m^3 1 台	台	3	22000	66000
2	斜流、轴流通风 5 台 空调机 KFR-71LW 1 台	台	6	3627	21762
3	旋转式自然通风器 RZT-880	台	56	6500	372400
4	照明配电箱	台	12	2500	30000
合　计		元	—	—	490162
建筑设备单位建筑面积指标		元/m^2	—	—	62

4.1.3 中转站工程应用实例

某城市新建一个生活垃圾中转站，建设规模为日转运量800t，压缩工艺为水平压缩式（非预压）。当地市场人工工日、材料、机械台班价格如下：

1. 人工：38元/工日
2. 钢筋 ϕ10以内：3.94元/kg
3. 钢筋 ϕ10以外：4.05元/kg
4. 水泥 综合：0.32元/kg
5. 标准砖：0.42元/块
6. 砂子：0.06元/kg
7. 铁件：0.62元/kg
8. 预拌混凝土：328.58元/m^3
9. 电缆桥架：133.00元/m
10. 钢屋架：3.98元/kg
11. 钢檩条：4.00元/kg
12. 钢支撑：4.01元/kg
13. 弹性涂料：25元/kg

设备购置费用综合取定5%；当地措施费取定2.5%；当地综合费用取定21.5%。

计算方法如下：

一、建筑安装工程费调整

（一）选择类似综合指标

根据项目建设规模和压缩工艺选用综合指标10Z-022。

（二）综合指标10Z-022按每吨直接费中人工费、材料费、机械费调整

1. 人工费调整：

人工费=指标中人工工日×市场工日单价

=30×38=1140（元）

2. 材料费调整：

（1）主要材料费=指标中各主要材料量×当地材料单价之和

=∑指标中各主要材料量×当地材料单价=4793（元）

（2）其他材料费=指标其他材料费×调整后的主要材料费/指标（材料费小计-其他材料费-材料费中措施费分摊）

=5502×4793/（10038-5502-238）=6136（元）

3. 机械费调整：

机械费=指标机械费×调整后的（人工费+材料费）/指标（人工费+材料费）

=315×（1140+4793+6136）/（953-22+10038-238）=354（元）

（三）措施费调整

措施费＝调整后的（人工费＋主要材料费＋其他材料费＋机械费）×2.5%

＝（1140+4793+6136+354）×2.5%=311（元）

其中：人工费中措施费分摊=311×8%=25（元）

材料费中措施费分摊=311×87%=271（元）

机械费中措施费分摊=311×5%=16（元）

（四）建筑安装工程直接费调整

建筑安装工程直接费小计=调整后（人工费+人工费中措施费分摊+主要材料费+其他材料费+材料费中措施费分摊+机械费+机械费中措施费分摊）

其中：人工费小计=调整后（人工费+人工费中措施费分摊）

材料费小计=调整后（主要材料费+其他材料费+材料费中措施费分摊）

机械费小计=调整后（机械费+机械费中措施费分摊）

调整后建筑安装工程直接费小计=1140+25+4793+6136+271+354+16=12807（元）

其中：人工费小计=1140+25=1165 （元）

材料费小计=4793+6136+271=11200（元）

机械费小计=354+16=370（元）

（五）综合费用计算

按当地规定综合费用费率为 21.5%

调整后综合费用=调整后建筑安装工程直接费小计×当时当地综合费用率

=12807×21.5%=2754 （元）

（六）建筑安装工程费的调整

调整后建筑安装工程费=调整后建筑安装工程直接费小计+调整后综合费用

=12807+2754=15561（元）

二、设备购置费调整

根据市场的价格，做一定的系数调整

设备购置费 = 指标中的设备购置费×调整系数

= 29069×1.05 = 30522（元）

三、工程建设其他费用调整

工程建设其他费用=调整后的（建筑安装工程费+设备购置费）×工程建设其他费用费率

=（15561+30522）×15%=6912（元）

四、基本预备费调整

调整后基本预备费=调整后的（建筑安装工程费+设备购置费+工程建设其他费用）×基本预备费费率

=（15561+30522+6912）×8%=4240（元）

五、指标总造价

指标总造价=调整后的（建筑安装工程费+设备购置费+工程建设其他费用+基本预备费）

=15561+30522+6912+4240=57235（元）

项目指标总造价=调整后每吨指标总造价×每天中转生活垃圾量（t/d）

=57235×800=45788（万元）

表 1　　　　　　　　　　　　　　　　　　　　　　　　　　　　单位：t/d

		人工	工日	30	38	1140
指标编号	指标编号	指标编号	指标编号	10Z-022	10Z-022	10Z-022
项目	项目	项目	项目	指标用量	指标用量	合价（元）
指标基价	指标基价	指标基价	元	53256	53256	57235
一、建筑安装工程费	一、建筑安装工程费	一、建筑安装工程费	元	13810	13810	15561
二、设备购置费	二、设备购置费	二、设备购置费	元	29069	29069	30522
三、工程建设其他费	三、工程建设其他费	三、工程建设其他费	元	6432	6432	6912
四、基本预备费	四、基本预备费	四、基本预备费	元	3945	3945	4240
建筑安装工程费	建筑安装工程费	建筑安装工程费	建筑安装工程费	建筑安装工程费	建筑安装工程费	建筑安装工程费
直接费	人工费	措施费分摊	元	22	—	25
直接费	人工费	人工费小计	元	953	—	1165
直接费	材料费	钢筋 ϕ10 以内	kg	93.45	3.94	368
直接费	材料费	钢筋 ϕ10 以外	kg	416.19	4.05	1686
直接费	材料费	水泥 综合	kg	367.42	0.32	118
直接费	材料费	标准砖	块	922.95	0.42	388
直接费	材料费	砂子	kg	1662.36	0.06	100
直接费	材料费	铁件	kg	5.17	0.62	3
直接费	材料费	预拌混凝土	m^3	5.53	328.58	1818
直接费	材料费	电缆桥架	m	0.75	133.00	100
直接费	材料费	钢屋架	kg	20.05	3.98	80
直接费	材料费	钢檩条	kg	8.77	4.00	35
直接费	材料费	钢支撑	kg	4.23	4.01	17
直接费	材料费	弹性涂料	kg	3.26	25.00	81
直接费	材料费	其他材料费	元	5502	—	6136
直接费	材料费	措施费分摊	元	238	—	271
直接费	材料费	材料费小计	元	10038	—	11200
直接费	机械费	机械费	元	315		423
直接费	机械费	措施费分摊	元	14	—	19
直接费	机械费	机械费小计	元	329	—	442
直接费	直接费小计	直接费小计	元	11320	—	12807
综合费用	综合费用	综合费用	元	2490	—	2754
合计	合计	合计	元	13810	—	15561

4.2 主要材料机械台班设备单价取定表

序号	名　称	规格型号	单位	单价（元）
1	钢筋	ϕ10 以内	kg	3.45
2	钢筋	ϕ10 以外	kg	3.55
3	钢筋成型加工及运费	ϕ10 以内	kg	0.146
4	钢筋成型加工及运费	ϕ10 以外	kg	0.109
5	圆钢	ϕ10 以内	kg	3.40
6	圆钢	ϕ10 以外	kg	3.40
7	角钢	63 以内	kg	3.40
8	角钢	63 以外	kg	3.50
9	槽钢	16 以内	kg	3.35
10	方钢	16 以内	kg	3.50
11	圆钢	ϕ10 以内	kg	3.40
12	扁钢	60 以内	kg	3.35
13	扁钢	60 以外	kg	3.45
14	镀锌扁钢		kg	4.35
15	镀锌角钢		kg	4.40
16	铁件		kg	3.57
17	镀锌钢绞线		kg	7.25
18	钢丝网		m^2	3.68
19	钢筋笼		t	3909.85
20	预埋铁件		kg	3.43
21	型钢		kg	3.40
22	钢材	综合	kg	5.90
23	钢屋架		kg	6.048
24	钢檩条		kg	5.92
25	钢支撑		kg	5.92
26	普通钢板	$\delta \leqslant 4$	kg	5.72
27	普通钢板	$\delta > 4$	kg	4.67
28	普通钢板	δ=2.6～3.2	kg	5.90
29	普通钢板	δ=3.5～4.0	kg	4.70
30	普通钢板	δ=4.1～7	kg	4.75
31	普通钢板	δ=8～15	kg	4.65
32	普通钢板	δ=16～20	kg	4.60
33	镀锌钢板		kg	6.21
34	镀锌铁皮	δ=0.5	m^2	25.00

续表

序号	名　称	规格型号	单位	单价（元）
35	压型钢板		kg	6.50
36	镀铝锌彩色压型钢板	δ=0.8mm	m^2	120.00
37	镀铝锌夹心钢板（内填玻璃棉保温层）		m^2	280.00
38	彩色穿孔钢板		m^2	100.00
39	铝单板		m^2	350.00
40	水泥综合		kg	0.35
41	白水泥		kg	0.54
42	混凝土树池框	L=1.0m	根	20.12
43	混凝土树池框	L=1.25m	根	26.49
44	混凝土树池框	L=1.5m	根	30.54
45	混凝土减速缘石		m	26.70
46	碎石、块石		m^3	57.80
47	标准砖		块	0.29
48	砂子		kg	0.059
49	石子		kg	0.046
50	天然砂石		kg	0.038
51	中粗砂		kg	0.059
52	粗砂		kg	0.059
53	级配石		m^3	44.23
54	砾石		kg	0.05
55	块石、片石		m^3	52.99
56	块石		m^3	57.80
57	豆石		kg	0.06
58	石灰		kg	0.13
59	粉煤灰		kg	0.12
60	石灰粉煤灰砂砾		t	43.50
61	石灰粉煤灰碎石		t	50.00
62	水泥稳定碎石		t	90.00
63	膨润土		kg	0.50
64	板方材		m^3	1452.00
65	加气混凝土块		m^3	195.00
66	页岩陶粒		m^3	105.60
67	陶粒混凝土空心砌块		m^3	150.00
68	压顶料石		m^3	977.00

续表

序号	名　称	规格型号	单位	单价（元）
69	页岩实心砖		块	0.37
70	PKI 砖		块	0.37
71	地面砖	$0.16m^2$ 以内	m^2	36.00
72	地面砖	$0.16m^2$ 以外	m^2	50.00
73	地砖踢脚		m	5.04
74	内墙釉面砖	$0.06m^2$ 以外	m^2	45.01
75	DM3 模数砖	190 × 140 × 90	块	0.50
76	SBS 改性沥青油毡防水卷材	5	m^2	30.80
77	APP 改性沥青油毡防水卷材	3	m^2	30.80
78	APP 改性沥青油毡防水卷材	4	m^2	33.00
79	绿色 PVC 防水卷材（机械固定）	1.5	m^2	40.00
80	聚氨酯防水涂料		kg	10.45
81	高聚物改性沥青防水涂膜		m^2	45.00
82	垃圾池防腐（环氧砂浆面层、水泥基渗透型防水涂料，局部 SBS 防水卷材）		m^2	245.00
83	垃圾池防腐（4mm 厚环氧胶泥基层、环氧玻璃钢四布六涂底层，环氧涂料面层 2 道）		m^2	220.00
84	钢结构薄型防火涂料		t	14180.00
85	弹性涂料		kg	20.63
86	挤塑保温泡沫板		m^3	1500.00
87	憎水膨胀珍珠岩块		m^3	360.00
88	铝合金中空玻璃平开窗		m^2	445.00
89	铝合金中空玻璃平开门		m^2	430.00
90	铝合金半玻平开门		m^2	424.00
91	铝合金单玻推拉窗		m^2	265.00
92	铝合金隔声固定窗		m^3	560.00
93	钢质防火门		m^2	471.25
94	钢质隔声窗		m^2	430.00
95	塑钢单玻推拉门		m^2	378.40
96	塑钢单玻推拉窗		m^2	246.40
97	带明框玻璃幕墙中空玻璃		m^2	1045.00
98	铝合金隐框中空玻璃幕墙		m^2	985.60
99	花岗石板	$0.25m^2$ 以外	m^2	160.00
100	地面砖每块面积	$0.16m^2$ 以外	m^2	50.00
101	磨光花岗石		m^2	242.00
102	铁栏杆		t	6497.00
103	绿化材料费		m^2	35.00

续表

序号	名　称	规格型号	单位	单价（元）
104	五防井盖	重型 ϕ700	套	748.00
105	铸铁井盖	ϕ700	套	202.00
106	钢筋混凝土管	ϕ500	m	89.00
107	钢筋混凝土管	ϕ600	m	100.00
108	钢筋混凝土管	ϕ700	m	142.00
109	钢筋混凝土管	ϕ800	m	190.00
110	钢筋混凝土管	ϕ900	m	211.00
111	钢筋混凝土管	ϕ1000	m	264.00
112	焊接钢管	综合	kg	3.60
113	焊接钢管	ϕ100	m	38.52
114	焊接钢管	ϕ125	m	55.65
115	焊接钢管	ϕ150	m	65.90
116	焊接钢管	ϕ200	m	96.03
117	镀锌钢管	综合	kg	4.20
118	镀锌钢管	80	m	35.36
119	镀锌钢管	100	m	47.15
120	镀锌钢管	125	m	65.35
121	镀锌钢管	150	m	96.31
122	镀锌钢管	200	m	129.50
123	碳钢管	219×6	m	138.00
124	碳钢管	273×7	m	206.00
125	碳钢管	325×8	m	284.00
126	碳钢管	377×9	m	371.00
127	碳钢管	426×9	m	420.00
128	碳钢管	530×10	m	597.00
129	碳钢管	630×10	m	713.00
130	碳钢管	730×12	m	990.00
131	卷焊钢管	ϕ800	m	1190.50
132	卷焊钢管	ϕ900	m	1391.00
133	卷焊钢管	ϕ1000	m	1487.00
134	镀锌无缝钢管	综合	kg	6.40
135	无缝钢管	综合	kg	5.40
136	无缝钢管	108×4.5	m	57.58
137	无缝钢管	159×6	m	102.85
138	无缝钢管	219×8	m	193.08
139	无缝钢管	325×8	m	296.13

续表

序号	名　称	规格型号	单位	单价（元）
140	钢管	综合	t	5000.00
141	铸铁管	*DN* 300	m	217.12
142	铸铁管	*DN* 350	m	271.40
143	铸铁管	*DN* 400	m	303.26
144	铸铁管	*DN* 450	m	375.24
145	铸铁管	*DN* 500	m	427.16
146	铸铁管	*DN* 600	m	569.94
147	铸铁管	*DN* 700	m	661.98
148	铸铁管	*DN* 800	m	826.00
149	铸铁管	*DN* 900	m	1007.72
150	铸铁管	*DN* 1000	m	1210.68
151	上水铸铁管	综合	kg	2.90
152	球墨给水铸铁管	*DN* 150	m	141.60
153	球墨给水铸铁管	*DN* 200	m	190.75
154	球墨给水铸铁管	*DN* 250	m	250.75
155	球墨给水铸铁管	ϕ300	m	319.00
156	球墨给水铸铁管	ϕ400	m	411.00
157	球墨给水铸铁管	ϕ500	m	542.00
158	球墨给水铸铁管	ϕ600	m	712.00
159	球墨给水铸铁管	ϕ700	m	887.00
160	球墨给水铸铁管	ϕ800	m	1095.00
161	HDPE 管	*DN* 200	m	82.50
162	HDPE 管	*DN* 300	m	179.30
163	HDPE 管	*DN* 400	m	309.10
164	HDPE 管	*DN* 500	m	448.80
165	HDPE 管	*DN* 600	m	678.70
166	CPVC 上水塑料管	40	m	82.45
167	CPVC 上水塑料管	50	m	130.57
168	PVC-U 上水塑料管	75	m	22.00
169	PVC-U 上水塑料管	110	m	42.70
170	PVC-U 上水塑料管	160	m	89.00
171	PP-R 给水管	20	m	9.00
172	PP-R 给水管	25	m	14.00
173	PP-R 给水管	32	m	19.00
174	PP-R 给水管	40	m	34.00
175	PP-R 给水管	50	m	53.00

续表

序号	名称	规格型号	单位	单价（元）
176	PP-R 给水管	63	m	88.00
177	PP-R 给水管	75	m	125.00
178	PP-R 给水管	90	m	180.00
179	PP-R 给水管	110	m	270.00
180	混凝土管	ϕ200	m	28.00
181	混凝土管	ϕ300	m	30.00
182	铝塑复合管	16	m	7.00
183	铝塑复合管	25	m	13.80
184	铝塑复合管	40	m	30.80
185	钢塑复合管	*DN* 25	m	10.12
186	钢塑复合管	*DN* 50	m	29.48
187	铝塑异径直通	50×32	个	80.00
188	铝塑异径直通	50×40	个	91.00
189	铝塑异径直通	63×40	个	97.00
190	铝塑异径直通	63×50	个	103.00
191	PP-R 异径三通	110×50×110	个	104.00
192	PP-R 异径三通	110×60×110	个	119.00
193	PP-R 异径三通	110×75×110	个	131.00
194	PP-R 异径三通	110×90×110	个	161.00
195	PP-R 异径三通	160×90×160	个	275.00
196	PP-R 异径三通	160×110×160	个	288.00
197	90°钢弯头	48	个	3.80
198	90°钢弯头	57	个	5.10
199	90°钢弯头	76	个	12.00
200	90°钢弯头	89	个	15.00
201	90°钢弯头	108	个	22.00
202	90°钢弯头	114	个	24.50
203	90°钢弯头	133	个	35.00
204	90°钢弯头	159	个	49.00
205	PVC-U 45°弯头	25	个	1.02
206	PVC-U 45°弯头	32	个	1.30
207	PVC-U 45°弯头	40	个	2.30
208	PVC-U 45°弯头	50	个	3.50
209	PVC-U 45°弯头	63	个	6.20
210	PVC-U 45°弯头	75	个	9.80
211	PVC-U 45°弯头	90	个	16.90

续表

序号	名　称	规格型号	单位	单价（元）
212	PVC-U 45°弯头	110	个	28.00
213	PVC-U 45°弯头	160	个	104.00
214	钢三通	20	个	1.70
215	钢三通	25	个	2.50
216	钢三通	32	个	4.00
217	钢三通	40	个	5.00
218	钢三通	50	个	8.00
219	钢三通	65	个	14.60
220	钢三通	80	个	19.10
221	钢三通	100	个	33.50
222	HDPE 光面防渗膜	1	m^2	22.00
223	HDPE 光面防渗膜	1.5	m^2	33.00
224	HDPE 光面防渗膜	2	m^2	44.00
225	HDPE 毛面防渗膜	1	m^2	25.00
226	HDPE 毛面防渗膜	1.5	m^2	38.00
227	HDPE 毛面防渗膜	2	m^2	50.00
228	无纺土工布	$200g/m^2$	m^2	5.00
229	无纺土工布	$300g/m^2$	m^2	7.50
230	无纺土工布	$400g/m^2$	m^2	10.00
231	无纺土工布	$500g/m^2$	m^2	12.50
232	无纺土工布	$600g/m^2$	m^2	15.00
233	膨润土垫	$4800g/m^2$	m^2	25.00
234	膨润土垫	$5000g/m^2$	m^2	35.00
235	玻璃丝布		m^2	2.57
236	复合硅酸盐板	$24\sim120kg/m^3$	m^3	1050.00
237	复合硅酸盐管壳	$24\sim120kg/m^3$	m^3	1370.00
238	球阀	Q41F-16T 20	个	190.00
239	球阀	Q41F-16T 25	个	290.00
240	球阀	Q41F-16T 32	个	404.50
241	球阀	Q41F-16T 40	个	511.00
242	球阀	Q41F-16T 50	个	615.00
243	球阀	Q41F-16T 65	个	818.00
244	球阀	Q41F-16T 80	个	1124.00
245	球阀	Q41F-16T 100	个	1539.00
246	电动闸阀	Z941H-16C Dg600	个	50000.00
247	电动闸阀	Z941H-16C Dg500	个	39400.00

续表

序号	名　称	规格型号	单位	单价（元）
248	电动闸阀	Z941H-100 Dg200	个	15800.00
249	电动闸阀	Z941H-100 Dg150	个	13510.00
250	电动截止阀	J941H-100 DN50	个	9380.00
251	电动调节阀	T940H-25 Dg50	个	6800.00
252	电动调节阀	T940H-25 Dg40	个	6500.00
253	电动蝶阀	D941H-16 PN1.6　*DN* 500	个	31000.00
254	闸阀	Z44T-10 Dg150	个	690.00
255	闸阀	Z44T-10 Dg100	个	340.00
256	闸阀	Z44T-10 Dg80	个	285.00
257	闸阀	Z44T-10 Dg65	个	238.00
258	闸阀	Z41H-16C Dg150	个	1800.00
259	闸阀	Z41H-16C Dg125	个	1452.00
260	闸阀	Z41H-16C Dg100	个	1052.40
261	闸阀	Z41H-16C Dg80	个	812.40
262	闸阀	Z41H-16C Dg65	个	667.20
263	闸阀	Z41H-16C Dg50	个	547.20
264	截止阀	J41H-100 Dg80	个	1400.00
265	截止阀	J41H-100 Dg50	个	924.00
266	截止阀	J41H-100 Dg32	个	520.00
267	截止阀	J41H-100 Dg20	个	354.00
268	截止阀	J41H-100 Dg25	个	462.00
269	截止阀	J41H-16 Dg150	个	2023.20
270	截止阀	J41H-16 Dg125	个	1555.20
271	截止阀	J41H-16 Dg100	个	1036.80
272	截止阀	J41H-16 Dg80	个	751.20
273	截止阀	J41H-16 Dg65	个	660.00
274	截止阀	J41H-16 Dg50	个	468.00
275	截止阀	J41H-16 Dg40	个	415.20
276	截止阀	J41H-16 Dg32	个	285.60
277	截止阀	J41H-16 Dg25	个	228.00
278	截止阀	J41H-16 Dg20	个	180.00
279	截止阀	J41H-16 Dg15	个	156.00
280	丝扣截止阀	15	个	21.08
281	双斜面弹性密封闸阀	YQZ45X-10Q *DN* 350	个	10105.60
282	双斜面弹性密封闸阀	YQZ45X-10Q *DN* 250	个	5440.00
283	双斜面弹性密封闸阀	YQZ45X-10Q *DN* 200	个	3754.00

续表

序号	名　　称	规格型号	单位	单价（元）
284	双斜面弹性密封闸阀	YQZ45X-10Q *DN* 150	个	2423.20
285	双斜面弹性密封闸阀	YQZ45X-10Q *DN* 100	个	1621.60
286	消声止回阀	YQH7B41XT-16Q *DN* 150	个	2440.80
287	消声止回阀	YQH7B41XT-16Q *DN* 100	个	1649.60
288	活塞式安全泄压阀	YQ20002-16Q *DN* 100	个	12355.20
289	丝扣法兰	（1.0MPa 以下） 32	片	10.01
290	丝扣法兰	（1.0MPa 以下） 15	片	4.89
291	丝扣法兰	（1.0MPa 以下） 20	片	6.21
292	丝扣法兰	（1.0MPa 以下） 50	片	14.72
293	平焊法兰	（1.6MPa 以下） 50	片	18.98
294	平焊法兰	（1.6MPa 以下） 100	片	35.54
295	可曲绕橡胶接头	*DN* 32	个	96.00
296	可曲绕橡胶接头	*DN* 40	个	102.40
297	可曲绕橡胶接头	*DN* 50	个	128.00
298	可曲绕橡胶接头	*DN* 65	个	168.00
299	可曲绕橡胶接头	*DN* 80	个	202.40
300	可曲绕橡胶接头	*DN* 100	个	256.00
301	可曲绕橡胶接头	*DN* 125	个	392.00
302	可曲绕橡胶接头	*DN* 150	个	456.00
303	可曲绕橡胶接头	*DN* 200	个	756.00
304	可曲绕橡胶接头	*DN* 250	个	960.00
305	可曲绕橡胶接头	*DN* 300	个	1280.00
306	可曲绕橡胶接头	*DN* 350	个	1600.00
307	可曲绕橡胶接头	*DN* 600	个	2500.00
308	可曲绕橡胶接头	*DN* 700	个	3000.00
309	可曲绕橡胶接头	*DN* 800	个	4000.00
310	可曲绕橡胶接头	*DN* 900	个	5000.00
311	镀锌型钢		kg	4.40
312	LMY 铝母线		kg	22.70
313	TMY 铜母线		kg	29.80
314	同轴电缆	27638	m	5.16
315	同轴电缆	27515	m	1.80
316	电缆桥架		m	133.00
317	梯式桥架	300×150	m	140.00
318	梯式桥架	400×150	m	174.00
319	滑触线		m	220.00

续表

序号	名　称	规格型号	单位	单价（元）
320	防火包		m^3	13000.00
321	BV 铜芯聚氯乙烯绝缘电线	2.5	m	0.87
322	BV 铜芯聚氯乙烯绝缘电线	4	m	1.35
323	BV 铜芯聚氯乙烯绝缘电线	6	m	1.95
324	BV 铜芯聚氯乙烯绝缘电线	25	m	8.70
325	NH-BV 铜芯聚氯乙烯绝缘电线	2.5	m	2.67
326	NH-BV 铜芯聚氯乙烯绝缘电线	4	m	3.99
327	RVS 铜芯聚氯乙烯绝缘绞型软线	0.3	m	0.38
328	RVS 铜芯聚氯乙烯绝缘绞型软线	1	m	1.20
329	NH－RVVP 屏蔽线	2×1.0	m	4.40
330	电缆	YJV22−1kV	m	32.51
331	电缆	ZR−VV 3 × 185	m	350.89
332	电缆	ZR−VV 4 × 4	m	14.85
333	电缆	ZR−VV 3 × 50+1 × 25	m	109.39
334	电缆	ZR−VV 3 × 70+1 × 35	m	146.94
335	电缆	ZR−VV 3 × 185+195	m	399.76
336	电缆	ZR−YJV 3 × 2.5	m	10.67
337	电缆	ZR−YJV 3 × 4	m	14.92
338	电缆	ZR−YJV 3 × 95	m	231.77
339	电缆	ZR−YJV 3 × 185	m	467.62
340	电缆	ZR−YJV 4 × 6	m	33.91
341	电缆	ZR−YJV 4 × 10	m	41.46
342	电缆	ZR−YJV 4 × 16	m	61.18
343	电缆	ZR−YJV−4×50+1 × 25	m	189.08
344	电缆	ZR−YJV 3×35+1 × 16	m	105.51
345	电缆	ZR−YJV 3×70+1 × 35	m	200.27
346	电缆	ZRC−YJV 3 × 120+1 × 70	m	343.60
347	电缆	ZR−YJV 3×185+1×95	m	532.70
348	电缆	ZR−YJV 3×240+1×120	m	681.13
349	电缆	ZR−YJV−4×120+1×70	m	446.49
350	电缆	ZR−YJV−4×240+1×120	m	886.06
351	电缆	ZR−YJV22 4×25	m	106.86
352	电缆	ZR−YJV22−5×2.5	m	32.51
353	电缆	NH−YJV−2×10	m	45.60
354	电缆	NH−YJV−4×70+1×35	m	367.85
355	控制电缆	ZR−KVVP2 4×1.5	m	17.80

续表

序号	名称	规格型号	单位	单价（元）
356	控制电缆	ZR-KVVP2 4×2.5	m	23.01
357	控制电缆	ZR-KVVP2 7×1.5	m	24.86
358	控制电缆	ZR-KVVP2 10×1.5	m	40.64
359	控制电缆	ZR-KVVP2 10×2.5	m	50.86
360	控制电缆	ZR-KVVP2 14×1.5	m	49.06
361	计算机电缆	ZR-JYPVP 1×2×1.0	m	29.59
362	计算机电缆	ZR-JYPVP 5×3×1.5	m	164.08
363	电话电缆	HYA 50×2×0.5	m	13.88
364	感温电缆		m	102.00
365	导线	综合	m	1.35
366	双向土工格栅		m^2	40.00
367	铅丝网		m^2	15.00
368	无机防火涂料		m^3	6100.00
369	有机防火涂料		m^3	15500.00
370	弹性涂料		kg	20.63
371	耐酸漆		kg	12.59
372	防锈漆		kg	13.17
373	酚醛清漆		kg	11.66
374	银粉		kg	23.39
375	油漆溶剂油		kg	2.64
376	醇酸磁漆		kg	15.33
377	无光调和漆		kg	10.61
378	调和漆		kg	9.98
379	红丹防锈漆		kg	11.97
380	丙烯酸封底漆		kg	9.98
381	丙烯酸弹性高级涂料		kg	13.65
382	铜镀铬毛巾架		套	35.89
383	镀锌固定件		个	1.15
384	聚氨酯防水涂料		kg	10.45
385	玻璃胶		支	7.14
386	室内乳胶漆		kg	11.97
387	水性封底漆		kg	5.04
388	弹性腻子		kg	3.36
389	聚氨酯泡沫填充剂		支	15.75
390	塑料弯头	$\phi 50$	套	4.82
391	铸铁排水弯头		套	24.15

续表

序号	名　　称	规格型号	单位	单价（元）
392	塑料水落管	ϕ100	m	21.63
393	塑料雨水斗		个	23.88
394	铝合金半玻平开门		m^2	424.00
395	铝合金单玻推拉门		m^2	265.00
396	1:3 聚氨酯		m^3	19.00
397	可发性聚氨酯泡沫塑料		kg	21.63
398	水泥电杆	190×12	根	850.00
399	低压蝶式绝缘子	ED−1	个	1.34
400	TMY 铜母线		kg	29.80
401	编织铜线		m	0.65
402	橡胶圈	75	个	1.32
403	橡胶圈	100	个	2.36
404	铸铁地漏	ϕ50	个	26.30
405	铸铁地漏	100	个	62.00
406	阻火圈	50	个	70.00
407	阻火圈	110	个	165.00
408	混合龙头及配件	15	套	410.00
409	陶瓷片密封龙头	15	个	9.20
410	莲蓬喷头	15	个	21.00
411	排水栓 带链堵	50	套	7.64
412	洗涤盆托架		副	22.94
413	延时自闭冲洗阀及配件	25	个	114.00
414	小便器自闭式配件		套	90.00
415	蹲便冲洗管	铜 32 × 800	根	52.80
416	防污器	32	个	10.00
417	花篮罩排水栓	50	个	11.46
418	玻璃	3	m^2	10.00
419	灵活隔断墙		m^2	445.50
420	胶合板木门		m^2	198.00
421	彩板组角平开门		m^2	510.30
422	抗折商品混凝土	5MPa	m^3	360.00
423	普通混凝土	C10	m^3	181.50
424	普通混凝土	C15	m^3	197.42
425	普通混凝土	C20	m^3	210.23
426	普通混凝土	C25	m^3	223.52
427	普通混凝土	C30	m^3	238.00

续表

序号	名　称	规格型号	单位	单价（元）
428	普通混凝土	C35	m^3	250.07
429	普通混凝土	C40	m^3	250.63
430	普通混凝土	C45	m^3	260.76
431	普通混凝土	C50	m^3	271.33
432	预拌混凝土	C10	m^3	250.00
433	预拌混凝土	C15	m^3	265.00
434	预拌混凝土	C20	m^3	280.00
435	预拌混凝土	C25	m^3	295.00
436	预拌混凝土	C30	m^3	315.00
437	预拌混凝土	C35	m^3	335.00
438	预拌混凝土	C40	m^3	355.00
439	预拌混凝土	C45	m^3	370.00
440	预拌抗渗混凝土	C25	m^3	380.00
441	预拌抗渗混凝土	C30	m^3	400.00
442	预拌抗渗混凝土	C35	m^3	415.00
443	预拌抗渗混凝土	C40	m^3	465.00
444	预拌抗折混凝土	C30	m^3	340.00
445	小型构件		m^3	1179.00
446	小型构件	C25	m^3	1075.00
447	过梁		m^3	823.00
448	混凝土小型空心砌块	90	m^3	225.00
449	混凝土小型空心砌块	190	m^3	213.81
450	挤压式混凝土平石	49.5×30×10	块	7.40
451	混凝土块道牙		m	38.75
452	水泥砂浆	M10	m^3	217.33
453	防水砂浆		m^3	315.94
454	1：1 水泥砂浆		m^3	339.27
455	1：2 水泥砂浆		m^3	275.48
456	1：2.5 水泥砂浆		m^3	249.80
457	1：3 水泥砂浆		m^3	234.34
458	1：3.5 水泥砂浆		m^3	217.20
459	1：4 水泥砂浆		m^3	213.41
460	3：7 灰土		m^3	29.38
461	2：8 灰土		m^3	19.63
462	1：8 水泥蛭石		m^3	221.27
463	豆石混凝土	C30	m^3	262.13

续表

序号	名　称	规格型号	单位	单价（元）
464	混合砂浆	M10	m^3	205.27
465	混合砂浆	M7.5	m^3	194.07
466	混合砂浆	M5	m^3	179.15
467	混合砂浆	M2.5	m^3	162.83
468	混合砂浆	M1	m^3	149.41
469	水泥砂浆	M7.5	m^3	192.13
470	水泥砂浆	M5	m^3	169.38
471	厂拌沥青石屑		t	219.30
472	厂拌沥青碎石		t	175.44
473	厂拌粗粒式沥青混凝土		t	197.00
474	厂拌中粒式混凝土		t	202.00
475	厂拌细粒式沥青混凝土		t	220.40
476	乳化沥青		kg	2.40
477	沥青混凝土		m^3	426.91
478	改性沥青混凝土		t	355.49
479	沥青透层油		t	1670.40
480	汽车起重机	5t	台班	402.49
481	汽车起重机	8t	台班	509.61
482	汽车起重机	10t	台班	589.78
483	汽车起重机	12t	台班	674.73
484	汽车起重机	16t	台班	848.49
485	汽车起重机	20t	台班	983.23
486	汽车起重机	40t	台班	1588.60
487	汽车起重机	75t	台班	4672.64
488	载重汽车	4t	台班	285.27
489	载重汽车	5t	台班	352.20
490	载重汽车	6t	台班	352.20
491	载重汽车	4t	台班	285.27
492	载重汽车	8t	台班	461.63
493	载重汽车	10t	台班	539.19
494	载重汽车	综合	台班	453.22
495	自卸汽车	4t	台班	345.81
496	自卸汽车	8t	台班	506.34
497	自卸汽车	15t	台班	875.63
498	履带式单斗挖土机	$1m^3$	台班	728.06
499	履带式推土机	75kW	台班	545.44

续表

序号	名　　称	规格型号	单位	单价（元）
500	履带式推土机	60kW	台班	397.19
501	轮胎式装载机	$1m^3$	台班	298.05
502	平地机	90HP	台班	464.85
503	电动夯实机	20~62kg/m	台班	20.80
504	电焊机	综合	台班	66.38
505	空压机	$0.6m^3/min$	台班	62.68
506	交流电焊机	21kV · A	台班	58.17
507	交流电焊机	32kV · A	台班	59.90
508	直流电焊机	20kW	台班	66.94
509	氩弧焊机	500A	台班	95.78
510	洒水车	4000L	台班	339.22
511	磨钎机		台班	140.84
512	电动空压机	$6m^3/min$	台班	105.49
513	空压机	综合	台班	320.01
514	锻钎机	421～90（90m/s）	台班	120.89
515	拖拉机	54 马力	台班	362.57
516	履带式起重机	15t	台班	535.19
517	灰浆搅拌机	200L	台班	50.86
518	泥浆泵	$\phi100$	台班	103.25
519	灰浆输送泵		台班	93.02
520	平板拖车组	20t	台班	850.49
521	混凝土振捣器插入式		台班	4.71
522	混凝土振捣器（平板式）		台班	4.51
523	卷扬机（单筒快速）	1t 以内	台班	57.02
524	X 光探伤机	TX—2505	台班	139.77
525	超声波探伤机	CTS—26	台班	110.92
526	卷板机	20×2500	台班	132.73
527	离心水泵	$\phi100$	台班	68.08
528	试压泵	60MPa	台班	63.03
529	试压泵		台班	58.01
530	压路机	6 ~ 8t	台班	369.79
531	压路机	8 ~ 10t	台班	497.06
532	压路机	12 ~ 15t	台班	591.91
533	振动压路机	综合	台班	573.30
534	履带式沥青混凝土摊铺机		台班	1260.37
535	混凝土锯缝机		台班	170.78

续表

序号	名　　称	规格型号	单位	单价（元）
536	试压水泵	4.0MPa	台班	48.46
537	电动夯实机	20～62kg/m	台班	20.80
538	机动翻斗车	1t	台班	111.82
539	滚筒式混凝土搅拌机	电动 出土量 400L	台班	92.48
540	灰浆搅拌机	400L	台班	52.66
541	旋喷桩机	D600～800	台班	123.81
542	袋装砂井机（不带门架）		台班	133.20
543	电动卷扬机 单筒慢速	5t	台班	73.21
544	振冲器		台班	280.29
545	对焊机	75kV·A	台班	96.78
546	工程钻机		台班	298.05
547	混凝土磨光机		台班	18.49
548	履带式电动起重机	5t	台班	147.43
549	履带式推土机	90kW	台班	517.93
550	轮胎式装载机	$3m^3$	台班	609.65
551	内燃空气压缩机	$9m^3/min$	台班	285.08
552	汽车式沥青喷洒机	4000L	台班	398.12
553	抓铲挖掘机		台班	527.23
554	混凝土路面刻槽机		台班	129.79
555	稳定土混合料摊铺机		台班	6500.00
556	洒水车	6000L	台班	380.96
557	履带式推土机	135kW	台班	769.00
558	液压镐		台班	415.17
559	自卸汽车	4.5t	台班	345.81
560	电动双梁起重机	5t	台班	221.28
561	低压自动压力计		套	408.00
562	中压自动压力计		套	408.00
563	U 型压力计		套	108.00
564	电动单梁桥式起重机	LD-10	台	130000.00
565	电动单梁悬挂起重机	DX5-5.5-20 T=5t	台	53600.00
566	电动单梁悬挂起重机	DX2	台	22000.00
567	电动单梁悬挂起重机	T=5t	台	201700.00
568	电动单梁悬挂起重机	（2t 以内）	台	25600.00
569	电动单梁悬挂起重机	2t	台	31500.00
570	电动单梁悬挂起重机	3t	台	42600.00
571	电动单梁悬挂起重机	DX	台	29400.00

续表

序号	名　　称	规格型号	单位	单价（元）
572	电动单梁悬挂起重机	Lk=7m	台	112300.00
573	电动单梁悬挂起重机	T=10t Lk=13.5m	台	55000.00
574	电动单梁悬挂起重机起重量	（1t 以内）Lk=12m	台	22800.00
575	电动调节阀	*DN* 500	个	15617.00
576	电动蝶阀	*DN* 100	个	3750.00
577	电动蝶阀	*DN* 80	个	2450.00
578	电动蝶阀	D71J-6 *DN* 500	个	1182.00
579	电动蝶阀	D941X-10 *DN* 500	个	14460.00
580	电动蝶阀	D941X-10 *DN* 600	个	13000.00
581	电动蝶阀	D941X-10 *DN* 700	个	18750.00
582	电动蝶阀	DN500 PN=1.0MPa	个	18000.00
583	电动蝶阀	DN700 PN=1.0MPa	个	22000.00
584	电动蝶阀	Z940H-16C *DN* 300	个	8600.00
585	电动蝶阀	Z944T-10 *DN* 150	个	5320.00
586	电动蝶阀	Z944T-10 *DN* 250	个	6120.00
587	电动蝶阀	Z944T-10 *DN* 400	个	7500.00
588	电动法兰阀门	*DN* 100	个	3750.00
589	电动葫芦	CD15-12D　T=5t	台	16500.00
590	电动葫芦	MD1	台	8000.00
591	电动葫芦	2t 以内	台	6310.00
592	电动葫芦	MD15-12D	台	7000.00
593	电动葫芦	T=2.0t	台	12000.00
594	电动葫芦	T=3t	台	21200.00
595	电动机	Y200L2-6　P=22kW n=970 转/分	台	7000.00
596	电动机	Y355M-8　P=160 kW n=750 转/分	台	5000.00
597	电动球阀	*DN* 100	个	5500.00
598	电动球阀	*DN* 50	个	4370.00
599	电动球阀	*DN* 125	个	7190.00
600	电动旋转式格删除污机	B=2m　N=3.0kW	台	191578.00
601	电度表屏	PK-1C 型	台	30000.00
602	电力变压器	S10-M-400kV · A	台	92580.00
603	电力变压器	S9-250　10/0.4kV	台	10000.00
604	电力变压器	800kV · A 10kV/0.4kV	台	54230.00
605	电力变压器	S9-400/35/0.4	台	63520.00
606	电力变压器	S9-800/10/0.4	台	56800.00
607	电流互感器		台	5000.00

续表

序号	名　　称	规格型号	单位	单价（元）
608	电热淋浴器		台	1500.00
609	电容补偿屏	PGJ-1	台	2400.00
610	电容器屏		台	4500.00
611	电台专用电源		套	3526.00
612	电源模块		块	7850.00
613	吊车	G=3t LK=9m	台	109000.00
614	调节阀	*DN* 15	个	3783.00
615	调速电机	N=1000kW	台	199200.00
616	定速电机	N=1000kW 10kV	台	132800.00
617	动力配电箱		台	14250.00
618	断路器柜单母线柜		台	20000.00
619	多功能水泵控制阀	*DN* 400	只	6700.00
620	多功能水泵控制阀	*DN* 450	只	7100.00
621	反冲洗泵		台	42000.00
622	反冲洗泵	Q=1720　H=14	台	110000.00
623	反冲洗泵	Q=820m^3/h H=10m N=37kW	台	39600.00
624	反冲洗水泵	Q=1680m^3/h　H=8.5m	台	180000.00
625	反冲洗水泵	Q=910m^3/h　H=10m	台	81000.00
626	非金属链条刮泥机		套	300580.00
627	废水回收泵	Q=400m^3/h H=16m N=30kW	台	67500.00
628	分体柜式空调器	RF-71W	台	8000.00
629	风机控制箱	XRM3-06 改	台	3200.00
630	干式变压器安装容量	1000kV·A 以下	台	165000.00
631	高压成套配电柜		台	98573.00
632	高压电容器柜	GR-1 型	台	80000.00
633	高压开关柜	JYN2-10 型	台	80000.00
634	高压配电柜		台	12300.00
635	鼓风机	Q=27m^3/min H=2.5mWc	台	136050.00
636	鼓风机	Q=55m^3/min H=4mWc	台	260500.00
637	鼓风机	Q=8.5m^3/min H=1mWc	台	58765.00
638	鼓风机	N=150kW	台	675000.00
639	刮泥机	ϕ15m	台	747000.00
640	刮泥机	N=7.5kW	台	292000.00
641	刮泥机	ϕ7800　N=0.75kW	台	150000.00
642	刮泥机	45×8m	台	167800.00
643	刮泥机	64×8m	台	205600.00

续表

序号	名　　称	规格型号	单位	单价（元）
644	柜式空调机	制冷量 6730kW	台	15000.00
645	锅炉水处理设备钠离子交换器	2t/h	台	13000.00
646	回流潜水泵	$Q=150m^3/h$ H=15m	台	30000.00
647	混合池搅拌机	N=3.7~7.5kW	套	230000.00
648	混合器		套	20000.00
649	机组重 5t 以内回转式螺杆压缩机		台	65000.00
650	集中控制台	2~4m	台	5000.00
651	加氯泵	$Q=15m^3/h$ H=55m N=11kW	台	15280.00
652	加氯升压泵	$Q=7.2m^3/h$ H=40m	台	3800.00
653	加氯水泵就地箱		台	3240.00
654	加药装置一体机		台	454806.00
655	浆式搅拌机	N=1.1kW	套	40000.00
656	浆式搅拌器（二级混合）	D1800　N=7.5kW	台	35000.00
657	浆式搅拌器（一级混合）	D1800　N=22kW	台	51000.00
658	浆式搅拌器安装（二级混合）	N=3.0kW	台	35000.00
659	浆式搅拌器安装（一级混合）	N=7.5kW	台	45280.00
660	降压启动柜	JJ1B-315/380-2	台	4500.00
661	聚合物投加泵	100L/h H=30m	台	12000.00
662	聚合物投加泵	1500L/h H=30m	台	15000.00
663	空气干燥器	FD16	台	22000.00
664	空气压缩机	SF4-8-250	台	180000.00
665	空压机		台	925000.00
666	离心泵	$Q=110m^3/h$	台	8750.00
667	离心泵	$Q=1806\ m^3/h$	台	16000.00
668	离心泵	$Q=84.6\ m^3/h$	台	6980.00
669	离心式水泵	$Q=1736.1m^3/h$ H=25m	台	23000.00
670	离心式水泵	$Q=2000m^3/h$　H=46m	台	41000.00
671	离心式水泵	$Q=3255.2m^3/h$ H=30m	台	32400.00
672	离心式水泵	$Q=3472.2m^3/h$ H=25m	台	26700.00
673	离心式水泵	$Q=3600m^3/h$ H=46m	台	76500.00
674	离心水泵	350S-44	台	44000.00
675	离心水泵	500S-59	台	64800.00
676	离心脱水机	$Q=40m^3/h$ N=55kW	台	1480000.00
677	立式补水泵		台	2500.00
678	立式储气罐		个	15000.00
679	立式锅炉本体安装		台	85000.00

续表

序号	名　称	规格型号	单位	单价（元）
680	立式热水循环泵		台	3800.00
681	链条式非金属刮泥机		套	375600.00
682	链条式刮泥机	Lk=5.5m	台	245784.00
683	漏氯中和装置		套	185000.00
684	滤板安装密封件		套	15000.00
685	滤板及滤头		套	1200.00
686	螺杆泵	Q=40m³/h H=10m N=7.5kW	台	35561.00
687	螺旋输送机	N=2.2kW	台	68200.00
688	模拟量输入模块		块	32600.00
689	浓缩脱水一体机		台	1744820.00
690	排水泵	Q=10m³/h H=15m N=0.75kW	台	2100.00
691	配电（电源）屏底压开关柜		台	20000.00
692	启闭机		台	3000.00
693	启闭机	0.5t	台	6955.00
694	起重量 2t 以内电动葫芦		台	6310.00
695	潜水泵	AS30-2CB　Q=33.7m³/h　H=12m	台	38000.00
696	潜水泵	50QW42-9-2.2	台	3000.00
697	潜水泵	Q=36-108m³/h H=8m	台	56000.00
698	潜水泵	Q=460 H=17m	台	110952.00
699	潜水泵	WQZ10-10-1.1	台	3000.00
700	潜水泵	WQZ10-10-11Q=10 m³/h H=10m	台	1600.00
701	潜水泵	YQS-11	台	3450.00
702	潜水回流泵	Q=108 m³/h	台	56000.00
703	潜水搅拌机	Q=1944 m³/h	套	95000.00
704	潜水排污泵		台	1960.00
705	潜水排污泵	Q=25m³/h	台	7980.00
706	潜水排污泵	Q=36m³/h	台	11200.00
707	潜水排污泵	Q=50m³/h	台	14500.00
708	潜水排污泵	Q=7　H=8m	台	9800.00
709	潜污泵	AS16-2CB	台	1500.00
710	潜污泵	N=5.5kW	台	12000.00
711	潜污泵	N=7.5kW	台	14500.00
712	潜污泵	Q=480 H=15m	台	110324.00
713	桥式吊车	N=12.1kW	台	201700.00
714	倾斜螺旋输送机	Q=4m³/h　L=7500mm N=3.0kW	台	130000.00
715	清水离心泵	Q=722.22　H=41m	台	69000.00

续表

序号	名　　称	规格型号	单位	单价（元）
716	取样泵	Q=1500　H=8m　N=0.25	台	2500.00
717	取样泵	Q=5500　H=26.8 m　N=2.5	台	6200.00
718	取样泵	Q=7500　H=34.3 m　N=4	台	7800.00
719	热水锅炉	S-1W1.4-0.7/95/70-AI13	台	200000.00
720	容量 2t 立式储气罐		台	15000.00
721	上清液回流泵	$Q=110m^3/h$ H=10m N=5.5kW	台	16500.00
722	手电两动启闭机	T=2t	个	4368.00
723	手电两用启闭机械		台	14352.00
724	手动启闭机	T=2t	个	4368.00
725	数字显示调节仪		台	2518.00
726	双级离心泵	Q=1330　H=55m　N=250	台	258000.00
727	双级离心泵	Q=875 H=55m N=200	台	212000.00
728	双吸离心泵	$Q=3200m^3/M$	台	132800.00
729	水泵	N=90kW	台	52000.00
730	水泵	24SA-18B　$Q=2292m^3/h$　H=18m	台	41500.00
731	水泵	200S95A	台	8960.00
732	水泵	300S90	台	10200.00
733	水泵	N=90kW	台	260000.00
734	送水泵	N=132kW	台	34580.00
735	送水泵	N=220kW	台	125600.00
736	送水泵	N=355kW	台	198000.00
737	送水泵	N=630kW	台	251000.00
738	通信模块		块	3670.00
739	投药泵	N=0.75kW	台	65384.00
740	投药一体机	4.45kg/h N=3.4kW	台	125000.00
741	脱水机给料泵	$Q=2\sim15m^3/h$	台	25400.00
742	污泥抽吸泵	NM053L	台	28500.00
743	污泥输送泵	$Q=12m^3/h$ H=15m N=1.5kW	台	5500.00
744	污泥输送泵	$Q=45m^3/h$ H=20m N=5.5kW	台	12000.00
745	洗涤塔,XT-90 小型制氧机械		台	78000.00
746	移动带式输送机	B×L=600×800	台	15000.00
747	PE 燃气 80 球型阀	D110　双放散　杆长 1800	组	3514.00
748	PE 燃气 80 球型阀	D160　双放散　杆长 1800	组	5908.00
749	PE 燃气 80 球型阀	D200　双放散　杆长 1800	组	9660.00
750	PE 燃气 80 球型阀	D250　双放散　杆长 1800	组	13782.00
751	PE 燃气 80 球型阀	D300　双放散　杆长 1800	组	18490.00

续表

序号	名　　称	规格型号	单位	单价（元）
752	过滤器	*DN* 200	组	1700.00
753	过滤器	*DN* 300	组	2958.00
754	过滤器	*DN* 400	组	3800.00
755	分离器	*DN* 150	个	1500.00
756	分离器	*DN* 200	个	2300.00
757	分离器	*DN* 300	个	2800.00
758	安全水封	*DN* 200	个	2100.00
759	安全水封	*DN* 300	个	3600.00
760	调压器	雷诺式 *DN* 150	台	5490.00
761	调压器	雷诺式 *DN* 200	台	9858.00
762	调压器	雷诺式 *DN* 300	台	17010.00
763	调压器	TMJ316	台	7920.00
764	调压器	TMJ318	台	16520.00
765	调压器	TMJ439	台	21500.00

本册主编单位：北京市建设工程造价管理处

本册参编单位：中国航空工业规划设计研究院

城市建设研究院

北京市市政工程设计研究总院

天津市环境卫生工程设计院

中国市政工程华北设计研究院

本册主要编写人员：刘　军　刘　智　郭燕萍　俞惠文　刘淑玲

齐长青　樊自力　康振同　陆焕玲　温以雄

孟　繁　张金凤　从云忠　陈　晖　顾生才

何　勤　颜廷山　唐书娟　安晓晶　梁　晗

刘芝田　蔡　亮　贺业迅　陈会良　刘　斌

靳俊平　刘保燕

综合组成员：胡传海　徐金泉　王海宏　胡晓丽　白洁如

李艳海　刘　军　刘　智　李永芳　白树华

张东海　龚伟中　王　梅　刘　运　陆勇雄

陈益梁　刘　洁　温鄂生　金春平　吴宏伟

王慧颖　陈建民　石　刚